液压与气压传动技术

赵光霞　张丽华　主编

北京理工大学出版社
BEIJING INSTITUTE OF TECHNOLOGY PRESS

图书在版编目（CIP）数据

液压与气压传动技术/赵光霞，张丽华主编．—北京：北京理工大学出版社，2020.6

ISBN 978 - 7 - 5682 - 8525 - 4

Ⅰ. ①液… Ⅱ. ①赵…②张… Ⅲ. ①液压传动 - 高等学校 - 教材②气压传动 - 高等学校 - 教材 Ⅳ. ①TH137②TH138

中国版本图书馆 CIP 数据核字（2020）第 093124 号

出版发行 / 北京理工大学出版社有限责任公司

社　　址 / 北京市海淀区中关村南大街 5 号

邮　　编 / 100081

电　　话 / （010）68914775（总编室）

　　　　　　（010）82562903（教材售后服务热线）

　　　　　　（010）68948351（其他图书服务热线）

网　　址 / http：//www. bitpress. com. cn

经　　销 / 全国各地新华书店

印　　刷 / 涿州市新华印刷有限公司

开　　本 / 787 毫米 × 1092 毫米　1/16

印　　张 / 14

字　　数 / 329 千字

版　　次 / 2020 年 6 月第 1 版　2020 年 6 月第 1 次印刷

定　　价 / 69.00 元

责任编辑 / 梁铜华

文案编辑 / 梁铜华

责任校对 / 周瑞红

责任印制 / 李志强

江苏联合职业技术学院院本教材出版说明

　　江苏联合职业技术学院自成立以来，坚持以服务经济社会发展为宗旨、以促进就业为导向的职业教育办学方针，紧紧围绕江苏经济社会发展对高素质技术技能型人才的迫切需要，充分发挥"小学院、大学校"办学管理体制创新优势，依托学院教学指导委员会和专业协作委员会，积极推进校企合作、产教融合，积极探索五年制高职教育教学规律和高素质技术技能型人才成长规律，培养了一大批能够适应地方经济社会发展需要的高素质技术技能型人才，形成了颇具江苏特色的五年制高职教育人才培养模式，实现了五年制高职教育规模、结构、质量和效益的协调发展，为构建江苏现代职业教育体系、推进职业教育现代化做出了重要贡献。

　　我国社会的主要矛盾已经转化为人们日益增长的美好生活需要与发展不平衡不充分之间的矛盾，因此我们只有实现更高水平、更高质量、更高效益、更加平衡、更加充分的发展，才能全面实现新时代中国特色社会主义建设的宏伟蓝图。五年制高职教育的发展必须服从服务于国家发展战略，以不断满足人们对美好生活需要为追求目标，全面贯彻党的教育方针，全面深化教育改革，全面实施素质教育，全面落实立德树人根本任务，充分发挥五年制高职贯通培养的学制优势，建立和完善五年制高职教育课程体系，健全德能并修、工学结合的育人机制，着力培养学生的工匠精神、职业道德、职业技能和就业创业能力，创新教育教学方法和人才培养模式，完善人才培养质量监控评价制度，不断提升人才培养质量和水平，努力办好人民满意的五年制高职教育，为决胜全面建成小康社会、实现中华民族伟大复兴的中国梦贡献力量。

　　教材建设是人才培养工作的重要载体，也是深化教育教学改革、提高教学质量的重要基础。目前，五年制高职教育教材建设规划性不足、系统性不强、特色不明显等问题一直制约着内涵发展、创新发展和特色发展的空间。为切实加强学院教材建设与规范管理，不断提高学院教材建设与使用的专业化、规范化和科学化水平，学院成立了教材建设与管理工作领导小组和教材审定委员会，统筹领导、科学规划学院教材建设与管理工作，制定了《江苏联合职业技术学院教材建设与使用管理办法》和《关于院本教材开发若干问题的意见》，完善了教材建设与管理的规章制度；每年滚动修订《五年制高等职业教育教材征订目录》，统一组织五年制高职教育教材的征订、采购和配送；编制了学院"十三五"院本教材建设规划，组织18个专业和公共基础课程协作委员会推进了院本教材开发，建立了一支院本教材开发、编写、审定队伍；创建了江苏五年制高职教育教材研发基地，与江苏凤凰职业教育图书有限公司、苏州大学出版社、北京理工大学出版社、南京大学出版社、上海交通大学出版社等签订了战略合作协议，协同开发独具五年制高职教育特色的院本教材。

　　今后一个时期，学院将在推动教材建设和规范管理工作的基础上，紧密结合五年制高职教育发展新形势，主动适应江苏地方社会经济发展和五年制高职教育改革创新的需要，以学院 18 个专业协作委员会和公共基础课程协作委员会为开发团队,以江苏五年制高职教育教材研发基地为开发平台,组织具有先进教学思想和学术造诣较高的骨干教师,依照学院院本教材建设规划,重点编写和出版约 600 本有特色、能体现五年制高职教育教学改革成果的院本教材,努力形成具有江苏五年制高职教育特色的院本教材体系。同时,加强教材建设质量管理,树立精品意识,制订五年制高职教育教材评价标准,建立教材质量评价指标体系,开展教材评价评估工作,设立教材质量档案,加强教材质量跟踪,确保院本教材的先进性、科学性、人文性、适用性和特色性建设。学院教材审定委员会将组织各专业协作委员会做好对各专业课程(含技能课程、实训课程、专业选修课程等)教材出版前的审定工作。

本套院本教材较好地吸收了江苏五年制高职教育最新理论和实践研究成果,符合五年制高职教育人才培养目标定位要求。教材内容深入浅出,难易适中,突出"五年贯通培养、系统设计"专业实践技能经验的积累,重视启发学生思维和培养学生运用知识的能力。教材条理清楚、层次分明、结构严谨、图表美观、文字规范,是一套专门针对五年制高职教育人才培养的教材。

学院教材建设与管理工作领导小组
学院教材审定委员会
2017 年 11 月

序　言

　　2015 年 5 月，国务院印发关于《中国制造 2025》的通知，通知重点强调提高国家制造业创新能力，推进信息化与工业化深度融合，强化工业基础能力，加强质量品牌建设，全面推行绿色制造及大力推动重点领域突破发展等，而高质量的技能型人才是实现这一发展战略的重要途径。

　　为全面贯彻国家对于高技能人才的培养精神，提升五年制高等职业教育机电类专业教学质量，深化江苏联合职业技术学院机电类专业教学改革成果，并最大限度地共享这一优秀成果，学院机电专业协作委员会特组织优秀教师及相关专家，全面、优质、高效地修订及新开发了本系列规划教材，并配备了数字化教学资源，以适应当前的信息化教学需求。

　　本系列教材所具特色如下：

　　● 教材培养目标、内容结构符合教育部及学院专业标准中制定的各课程人才培养目标及相关标准规范。

　　● 教材力求简洁、实用，编写上兼顾现代职业教育的创新发展及传统理论体系，并使之完美结合。

　　● 教材内容反映了工业发展的最新成果，所涉及的标准规范均为最新国家标准或行业规范。

　　● 教材编写形式新颖，教材栏目设计合理，版式美观，图文并茂，体现了职业教育工学结合的教学改革精神。

　　● 教材配备相关的数字化教学资源，体现了学院信息化教学的最新成果。

　　本系列教材在组织编写过程中得到了江苏联合职业技术学院各位领导的大力支持与帮助，并在学院机电专业协作委员会全体成员的一致努力下顺利完成了出版任务。由于各参与编写作者及编审委员会专家时间相对仓促，加之行业技术更新较快，教材中难免有不当之处，敬请广大读者予以批评指正，在此一并表示感谢！我们将不断完善与提升本系列教材的整体质量，使其更好地服务于学院机电专业及全国其他高等职业院校相关专业的教育教学，为培养新时期下的高技能人才做出应有的贡献。

江苏联合职业技术学院机电协作委员会

2017 年 12 月

前　言

根据职业教育培养高素质技能型人才的特点和要求，教材编写必须以生产一线为依托，紧密结合岗位技能对职业素质培养的要求，突出教学内容的实用性。本教材以情境导入的方式将生产实际中的工作任务呈现在学生面前，以职业技能为核心，逐步将工作任务分解，介绍了完成每个工作任务所需要的相关知识和采取的具体操作程序、步骤等。知识点后配备实践活动，旨在加深学生对知识的理解和掌握程度，增强其实践动手能力。每个实践活动都配备有实践活动工作页，记录实践过程中遇到的问题和解决方法以及学生和教师对操作过程的反馈和评价，使学生能够找出不足，加以提高。单元中有知识拓展，介绍一些与本情境相关的液压与气动技术的知识，拓展学生的视野和知识面。

本教材立足于职业教育培养技能型人才的目的，突出实用性和针对性，在理论上力求简单明了，在实例应用上力求接近实际。本教材由九个单元组成，主要介绍了液压与气压传动的基础知识、液压动力元件、液压执行元件、液压辅助装置、液压控制阀及液压基本回路、气源装置及气动辅助元件、气动执行元件、气动控制阀和气动回路、典型液压与气压传动系统。

本教材由赵光霞、张丽华担任主编。参加编写的人员有：镇江高等职业技术学校的张丽华、张佩，江苏省丰县中等专业学校的刘玉光，江苏省东台中等专业学校的崔辰，无锡立信高等职业技术学校的陈震乾，无锡技师学院的杨漾、高姝烨。本教材在编写过程中，得到了学校、相关企业和同行的热情支持和帮助，在此表示衷心的感谢！由于编者水平和时间有限，书中疏漏和不妥之处敬请各位读者批评指正。

编　者

目　　录

单元一
液压与气压传动的基础知识

情境导入

　　磨床是一种采用磨具对工件表面进行磨削加工的机电一体化设备，对提高工件的表面质量有着重要的作用。在平面磨床（图1-1）的工作过程中，要求工作台能够实现水平往复运动。而实现对平面磨床工作台水平往复运动控制的就是液压传动系统。图1-1-1所示是一台平面磨床工作台的液压传动系统结构原理。

　　在对钢板进行剪切时需要使用很大的力，这个力通常是由气动剪切机实现的。图1-1-2所示是一台气动剪切机的工作原理。

　　上面的生产实例中分别用到了液压传动系统和气压传动系统，那么这两套系统分别由什么组成？它们的工作原理分别是什么？它们的优缺点有哪些？本单元将带你迈入液压和气压传动的大门，逐步认识和解决上述疑问。

图1-1　平面磨床

 学习要求

　　通过对本单元的学习，掌握液压和气压传动系统的基本构成和工作原理；熟悉液压和气压传动的特点。

知识点1 液压与气压传动的工作原理、系统组成及特点

1.1 概述

在工程实践中，传动有多种类型，如电力传动、机械传动、液压传动和气压传动等。液压（气压）传动是指以液体（空气）为工作介质进行能量传递和控制的传动方式。液压传动和气压传动均是机械设备中被广泛采用的传动方式。

1.2 液压传动的工作原理和系统组成

图1-1-1所示为一台平面磨床工作台液压传动系统的结构原理。该平面磨床工作台液

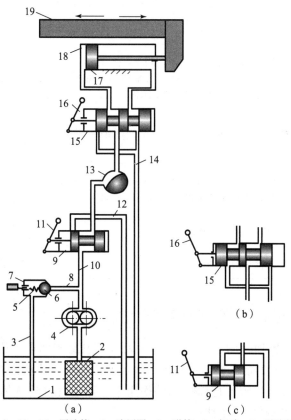

1—油箱；2—过滤器；3，12，14—回油管；4—液压泵；5—弹簧；6—钢球；7—溢流阀；8，10—压力油管；
9，15—手动换向阀；11，16—换向手柄；13—节流阀；17—活塞；18—液压缸；19—工作台。

图1-1-1 平面磨床工作台液压传动系统的结构原理

压传动系统的工作环节主要包括以下四个：

1）工作台向右运动：电动机提供给液压泵 4 动力，使液压泵能够向系统提供一定流量和压力的液压油。由液压泵输入的液压油经过手动换向阀 9、节流阀 13 和手动换向阀 15 进入液压缸 18 的左腔，推动活塞 17 向右移动，实现工作台 19 的水平向右移动。同时，液压缸 18 右腔中的液压油经过手动换向阀 15 排回到油箱 1 中。

2）工作台向左运动：当手动换向阀 15 换向后〔图 1 - 1 - 1（b）〕，液压油进入液压缸 18 的右腔中，推动活塞 17 和工作台 19 向左移动。

3）调速：当节流阀 13 开大时，进入液压缸 18 的油液增多，工作台 19 的移动速度增大；当节流阀 13 关小时，工作台的移动速度减小。

4）卸荷：如果将手动换向阀 9 转换成如图 1 - 1 - 1（c）所示的状态，液压泵 4 输出的液压油将经手动换向阀 9 流回油箱 1 中，此时工作台不运动，液压传动系统处于卸荷状态。

从对平面磨床工作台的液压传动系统结构原理图的分析可以看出，液压传动的工作原理是利用液体的压力能来传递动力，利用密封容积的变化来传递运动。

液压传动系统的基本组成如表 1 - 1 - 1 所示。

表 1 - 1 - 1　液压传动系统的基本组成

名称	作用	举例
动力元件	液压传动系统的动力源，将原动机输入的机械能转换成油液的压力能，为液压传动系统提供具有一定流量和压力的液压油	液压泵
控制元件	控制与调节液压传动系统中液压油的流量、压力和流动方向	节流阀、换向阀、溢流阀
执行元件	将液压油的压力能转换成机械能，用于克服外负载，驱动工作部件产生所需的运动	液压缸、液压马达
辅助元件	保证液压传动系统能够正常工作	油箱、管路、密封件
工作介质	传递能量	液压油

1.3　气压传动的工作原理和系统组成

气动剪切机的工作原理（图 1 - 1 - 2）是利用空气压缩机将电动机或者其他原动机输出的机械能转换为空气的压力能，产生的压缩空气经过冷却器、油水分离器、减压阀等元件的处理后，在控制元件（换向阀、行程阀）的作用下，通过气缸将气体的压力能转换为动剪刀的切割运动，从而实现对工件的切割。

气压传动系统的基本组成和液压传动系统类似，由五个部分组成，如表 1 - 1 - 2 所示。

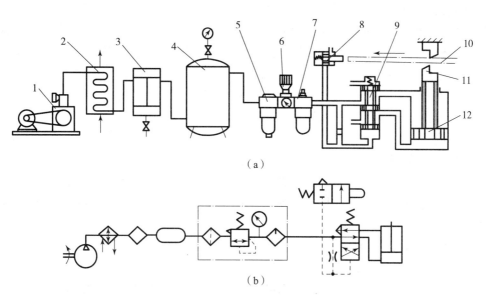

（a）

（b）

1—空气压缩机；2—冷却器；3—油水分离器；4—储气罐；5—分水滤气器；6—减压阀；

7—油雾器；8—行程阀；9—换向阀；10—原材料；11—动剪刀；12—气缸。

图 1-1-2　气动剪切机的工作原理

（a）结构原理；（b）图形符号

表 1-1-2　气压传动系统的基本组成

名称	作用	举例
气源装置	获得压缩空气	空气压缩机、储气罐、空气净化装置等
控制元件	控制压缩空气的流量、压力和方向，以使执行元件完成预定的动作	流量控制阀、压力控制阀、方向控制阀等
执行元件	将压缩空气的压力能转换为机械能	气缸、气动马达
辅助元件	保证压缩空气的净化、润滑、消声以及元件间的连接等	消声器、管件等
工作介质	传递能量	压缩空气

1.4　液压与气压传动的特点

与电力传动和机械传动相比，液压与气压传动具有如下优点：

1）液压和气压传动系统中元件的布置不受严格的空间限制，布局、安装灵活，可构成复杂的传动系统。

2）液压传动和气液联动传递运动平稳，易实现快速启动、制动和频繁换向。例如，对于回转运动，液压装置可达 500r/min；对于直线往复运动，液压装置可达 400～1 000 次/min。气压传动反应快，动作迅速，一般只需 0.02～0.03s 就可以获得所需的压力和速度。

3）液压和气压传动系统在运行的过程中可实现无级调速，调速范围大。例如，液压传动系统的调速范围可达1：2 000。

4）液压和气压传动系统操作控制方便、省力，易于实现自动控制、中远距离控制和过载保护。液压与气压传动技术与电气、电子控制技术相结合，易于实现系统的自动工作循环和自动过载保护。

5）在同等输出功率下，液压传动系统体积小、质量轻、惯性小、动态性能好。

6）液压与气压传动系统所使用的元件已经标准化、通用化和系列化，有利于缩短机器的设计和制造周期，降低制造成本。

液压与气压传动同时也存在以下缺点：

1）在传动过程中，能量需经过两次转换，所以会产生损耗，导致传动效率降低。

2）由于传动介质的可压缩性和泄漏等因素的影响，液压传动与气压传动的传动比不能保证严格准确。

3）液压传动的工作介质（液压油）对温度的变化比较敏感，系统工作的稳定性容易受到温度变化的影响，不宜在高温和温度变化很大的环境中工作。

4）液压与气压传动系统的元件制造精度高，系统出现故障时不易诊断。

> **想一想**　液压和气压传动系统在生产实践中能否互换使用？为什么？

知识点 2　液压与气压传动的应用和发展

2.1　液压传动技术的应用和发展概况

17 世纪中叶，法国物理学家布莱士·帕斯卡提出了压力传递原理，又称为帕斯卡定律（图 1-2-1）。18 世纪末，英国的约瑟夫·布拉曼用水作为工作介质，制造出了世界上第一台水压机，并将其用于工业生产中。迄今为止，液压传动技术已有 300 多年的历史。液压传动技术真正的发展是在第二次世界大战后，并迅速在民用工业的汽车、农业机械、工程机械、机床等行业中逐步得到推广。近年来，随着计算机技术、空间技术、原子能技术等的发展，液压传动技术取得了很大的进步，并逐渐渗透到各个工业领域中。

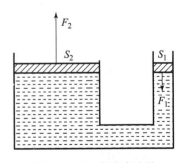

图 1-2-1　帕斯卡定律

中华人民共和国成立后，我国的液压工业得到快速的发展。20 世纪 50 年代，我国开始生产各种通用液压元件。当前，我国已经生产出多种自行设计的新型系列产品，如电液比例阀、电液伺服阀、插装式锥阀、电液脉冲电动机以及其他新型液压元件，但所生产的液压元件在品种与质量等方面与国外先进水平还存在一定差距，产生差距的主要原因在于材料技术和制造水平较低。随着我国工业技术的发展、材料技术和制造水平的提升，我国的液压传动技术也将获得进一步发展，而且在工业生产各个领域中的应用将更加广泛。

当前液压传动技术正向着高压、高效、高速、大功率、低噪声、高度集成化等方向发展。同时，液压元件和液压传动系统的计算机直接控制、计算机实时控制、计算机辅助设计（CAD）、计算机辅助测试（CAT）、计算机仿真等技术也是当前液压传动技术的重要发展方向。

液压传动技术在机械行业中的应用举例如表 1－2－1 所示。

表 1－2－1 液压传动技术在机械行业中的应用举例

行业名称	应用场所举例
机床工业	车床、铣床、刨床、磨床、拉床、组合机床和数控机床等
农业机械	拖拉机、联合收割机、农具悬挂系统等
建筑机械	液压千斤顶、平地机、打桩机等
起重运输机械	叉车、龙门吊、汽车吊、装卸机械、皮带运输机等
冶金机械	电炉炉顶、电极升降机、压力机、轧钢机等
轻工机械	注塑机、打包机、造纸机、橡胶硫化剂、校直机等
智能机械	机器人、模拟驾驶舱、数字式体育锻炼机、折臂式小汽车装卸器
汽车工业	平板车、高空作业车、自卸式汽车、转向器、减振器等
工程机械	挖掘机、推土机、铲运机、装卸机、压路机等
矿山机械	开采机、凿岩机、开掘机、破碎机、提升机、液压支架等

2.2 气压传动技术的应用和发展概况

气压传动技术在科技快速发展的今天发展更加迅猛。随着工业的发展，气压传动技术的应用领域已从钢铁、汽车、采矿、机械工业等行业迅速扩展到轻工、食品、化工、军工等各行业领域。气压传动技术已经发展成包括传动控制与检测在内的自动化技术。由于工业自动化以及柔性制造系统（Flexible Manufacture System，FMS）的发展，要求气压传动技术以提高可靠性、降低总成本为目标，进行系统控制技术和机、电、液、气综合技术的研究和开发。当前气压传动元件的主要发展特点和研究方向是小型化、轻量化、节能化、位置控制的高精度化，以及与电子学相结合的综合化。同时，计算机技术的广泛普及和应用也为气压传动技术的发展提供了更为广阔的前景。

气压传动技术在机械行业中的应用举例如表 1－2－2 所示。

表 1 – 2 – 2　气压传动技术的应用举例

行业名称	应用举例
机械制造业	工件的装夹与搬运、车体部件的自动搬运与固定、自动焊接等
石油化工业	管道输送介质的自动化流程，如石油提炼加工、气体加工、化肥生产等
电子电器行业	硅片的搬运、元器件的插装与锡焊、家用电器的组装等
轻工业	半自动或全自动包装生产线等
机器人	喷漆机器人、搬运机器人、爬墙机器人等
其他	鱼雷导弹自动控制装置、颗粒物质的筛选、车辆制动装置、车门开闭装置等

> **想一想**　在日常生活中，同学们接触过哪些使用液压或气压传动技术的设备？这些设备是如何工作的？

知识点 3 液压与气压传动的工作介质

3.1　液压油的性质

液压传动是以液压油作为工作介质来传递运动和动力的，因此，了解液压油的性质在液压传动技术的应用中有着重要的意义。

3.1.1　密度和重度

单位体积内液体的质量称为该液体的密度，用 ρ 表示，单位为 kg/m^3，即

$$\rho = \frac{m}{V} \qquad (1-3-1)$$

式中　m——液体的质量（kg）；

　　　V——液体的体积（m^3）。

常用液压油的密度为 $850 \sim 950 kg/m^3$。

单位体积内液体的重力称为该液体的重度，用 γ 表示，单位为 N/m^3，即

$$\gamma = \frac{G}{V} \qquad (1-3-2)$$

式中　G——液体的重力（N）；

　　　V——液体的体积（m^3）。

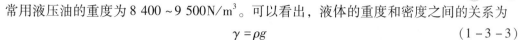

常用液压油的重度为 8 400 ~ 9 500N/m³。可以看出，液体的重度和密度之间的关系为

$$\gamma = \rho g \tag{1-3-3}$$

式中　g——重力加速度（m/s²）。

液压油在工作过程中，其密度和重度均随着工作压力的增大而增大，随着工作温度的升高而减小，但因其变化量很小，故常近似为常数。

3.1.2　可压缩性

液体受到压力作用时体积减小的性质称为该液体的可压缩性。液体可压缩性的大小用压缩系数 β 表示，即

$$\beta = -\frac{\mathrm{d}V/V}{\mathrm{d}p} \tag{1-3-4}$$

式中　$\mathrm{d}p$——压力的变化值；

　　　$\mathrm{d}V$——在压力变化 $\mathrm{d}p$ 的作用下液体体积的变化值；

　　　V——液体受到压缩前的体积。

压缩系数描述了在压力增量作用下液体的压缩程度。在液压传动技术的应用中，常用压缩系数的倒数 K 表示该液压油的可压缩性，即

$$K = 1/\beta = -\frac{\mathrm{d}p}{\mathrm{d}V/V} \tag{1-3-5}$$

液压油的可压缩性很小，一般可以忽略不计。在某些情况下，如研究液压系统的动态特性、远距离操纵的液压机构以及压力变化很大的高压系统时，需要考虑液压油的可压缩性。此外，当液压油中混入了空气时，其可压缩性将大大增加，严重影响液压传动系统的工作性能。因此，在液压传动系统中应将液压油中的空气含量减少到最低限度。

3.1.3　黏性与黏度

液体在外力作用下，分子间的内聚力会阻止分子间的相对运动，从而产生内摩擦力，液体的这种特性称为黏性。液体只有在发生流动时才会呈现出黏性，静止的液体不呈现黏性。黏性的大小用黏度表示。

如图 1 - 3 - 1 所示，若两平行平板之间充满液体，上平板以速度 u_0 向右运动，下平板固定不动。附着在上平板的液体在其吸附力作用下，跟随上平板以速度 u_0 向右运动。附着在下平板的液体在其吸附力作用下则保持静止，中间液体的速度由上至下逐渐减小。当两平行平板距离较小时，速度近似按线性规律分布。

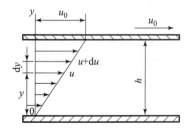

图 1 - 3 - 1　液体黏性
示意

由实验可得，液层间的内摩擦力 F 与液层间的接触面积 A、液层间的相对速度 $\mathrm{d}u$ 成正比，而与液层间的距离 $\mathrm{d}y$ 成反比，即

$$F = \mu A \frac{\mathrm{d}u}{\mathrm{d}y} \tag{1-3-6}$$

式中　μ——比例系数，称为液体的动力黏度；

du/dy——液体的速度梯度，或称剪切率。

因此，动力黏度可表示为

$$\mu = \frac{F/A}{du/dy} \tag{1-3-7}$$

动力黏度的国际计量单位为（牛顿·秒）/米^2[（N·s）/m^2] 或者为帕·秒（Pa·s）。除动力黏度外，液体的黏度还可以用运动黏度和相对黏度来表示。动力黏度、运动黏度和相对黏度这三个指标的物理含义和表示方法如表 1-3-1 所示。

表 1-3-1　液体黏度的测试指标

名称	物理含义	表示方法
动力黏度	当速度梯度 $du/dy=1$ 时，液体单位面积上内摩擦力的大小。当 $du/dy=0$ 时，内摩擦力 $F=0$，表明静止状态的液体不呈现黏性	$\mu = \dfrac{F/A}{du/dy}$
运动黏度	动力黏度与该液体密度的比值。运动黏度没有明确的物理意义，却是实际工程中经常用到的物理量，因其单位只有长度和时间量纲，类似于运动学的量，故称为运动黏度。运动黏度的法定计量单位为 m^2/s 和 mm^2/s。液压油（液）的黏度等级就是以其40℃时运动黏度的某一中心值来表示的，如 L-HM32 液压油的黏度等级为 32，则40℃时其运动黏度的中心值为32mm^2/s	$\nu = \dfrac{\mu}{\rho}$
相对黏度	相对黏度是以相对于蒸馏水黏性的大小来表示液体的黏性，又称为条件黏度。各国采用的相对黏度单位有所不同。有的用赛氏黏度，有的用雷氏黏度，我国采用恩氏黏度，用符号°E_t表示。恩氏黏度与运动黏度可以用经验公式换算，也可以从有关图表中查得	

小知识

当压力增加时，液体分子间的距离缩小，其黏度增加。在一般情况下，压力对液体黏度的影响比较小，当压力低于 5MPa 时，黏度值的变化很小，可以忽略不计。液体黏度对温度十分敏感，温度略有升高，黏度即显著降低。这种液体黏度随温度变化而变化的特性称为黏温特性。由于温度对液压油黏度的影响较大，因此，黏温特性的重要性不亚于黏度本身。

3.2　液压油的选用

液压油是液压传动系统中的工作介质，不仅起到传递能量和运动的作用，而且对系统中的元件起到润滑、冷却和防锈的作用。因此，液压油的正确选择对保证液压传动系统的正常运转尤为重要。

液压油的产品牌号由类别、品种和数字三部分组成。类别代号中的 L 表示润滑油；品种代号中的 H 表示液压系统的工作介质；数字表示工作介质的黏度等级，用温度为40℃时的运动黏度平均值（mm²/s）表示。例如，L-HL32 表示该液压油在 40℃时运动黏度平均值为 32mm²/s。L-HL 型常用液压油的代号及运动黏度如表 1-3-2 所示。

表 1-3-2　L-HL 型常用液压油的代号及运动黏度

代号	L-HL7	L-HL10	L-HL15	L-HL22	L-HL32
运动黏度/(mm² · s⁻¹)	4.14~5.06	6.12~7.48	13.5~16.5	19.8~24.2	28.8~35.2
代号	L-HL46	L-HL68	L-HL100	L-HL150	
运动黏度/(mm² · s⁻¹)	41.4~50.6	61.2~74.8	90~110	135~165	

注：本产品为精制矿油，常用于低压液压系统，也适用于要求换油期较长的轻负荷机械的非循环润滑系统。

对液压油，主要是根据工作条件选择适宜的黏度。环境温度较高时，宜选用黏度较大的液压油。液压系统的工作压力较高时，宜选用黏度较大的液压油，以减少泄漏。执行元件的运动速度较高时，宜选用黏度较低的液压油，以减少由于液体摩擦造成的能量损失。

在液压系统的所有元件中，以液压泵对液压油的性能最为敏感。因此常根据液压泵的类型来选择液压油。按液压泵类型推荐用的液压油如表 1-3-3 所示。

表 1-3-3　按液压泵类型推荐用的液压油

名称		黏度范围/(mm² · s⁻¹)		工作压力/MPa	工作温度/℃	推荐用油
		允许	最佳			
叶片泵	1 200r/min	16~220	26~54	7	5~40	L①-HH②32，L-HH46
					40~80	L-HH46，L-HH68
	1 800r/min	20~220	25~54	14 以上	5~40	L-HL③32，L-HL46
					40~80	L-HL46，L-HL68
齿轮泵		4~220	25~54	12.5 以下	5~40	L-HL32，L-HL46
					40~80	L-HL46，L-HL68
				10~20	5~40	L-HL46，L-HL68
					40~80	L-HM④46，L-HM68
				16~32	5~40	L-HM32⑤，L-HM68
					40~80	L-HM46，L-HM68
柱塞泵	径向柱塞泵	10~65	16~48	14~35	5~40	L-HM32，L-HM68
					40~80	L-HM46，L-HM68
	轴向柱塞泵	4~76	6~47	35 以上	5~40	L-HM32，L-HM68
					40~80	L-HM68，L-HM100

注：①石油产品的总分类代号。
②HH 精制矿物油，无添加剂的石油型液压油。
③HL 普通液压油、抗氧化剂、防锈剂的石油型液压油。
④HM 抗磨液压油、抗磨剂的石油型液压油。
⑤数字表示工作介质的黏度等级。

知识拓展

液压油的污染及其控制

　　液压油是液压传动系统的工作介质，具有传递动力、减少元件间的摩擦、隔离磨损表面、悬浮污染物、控制元件表面氧化、冷却液压元件等功能。液压油是否清洁，不仅影响系统的工作性能和液压元件的使用寿命，而且直接关系到设备能否正常工作。统计表明，液压油的污染是液压传动系统发生故障的主要原因，因此控制液压油不受污染有着十分重要的意义。液压油污染物的主要来源如表 1-3-4 所示。

表 1-3-4　液压油污染物的主要来源

途径	举例
固有污染	管道、液压元件等在使用前未经清洗干净，将污染物带入液压油中
外界侵入	外界空气、水、灰尘、固体颗粒等
内部生成	液压油变质后的胶状生成物、涂料及密封件的剥离物、金属氧化后剥落颗粒等
维修保养	更换滤芯和液压油、清洗油箱，维修拆装液压缸等过程中带入的固体颗粒、水、气、纤维等

　　为确保液压传动系统工作正常、可靠，减少故障和延长寿命，必须有效控制液压油的污染。液压油污染的控制措施主要有：

　　(1) 控制油温：对于不同用途和不同工作条件的机器，有不同的允许工作油温。必要时，要采用一定的措施（如风冷、水冷等）来控制液压传动系统的液压油温度。工程机械中的液压传动系统允许的正常工作油温为 35～55℃，最高为 70℃。

　　(2) 控制过滤精度：为了控制油液的污染度，要根据系统和元件的不同要求，分别在吸油口、压力管路、伺服调速阀的进油口等处，按照要求的过滤精度设置过滤器，以控制液压油中的颗粒污染物，使液压传动系统性能可靠、工作稳定。

　　(3) 强化现场维护管理：强化现场维护管理的措施主要有以下三种：①检查液压油的清洁度；②建立液压传动系统一级保养制度；③定期对液压油取样化验。

　　(4) 定期清洗。

　　(5) 定期过滤：油液经过多次过滤，能使杂质颗粒含量控制在要求的等级范围内，所以对各类液压传动系统设备需制定出过滤液压油的精度要求，以确保液压油的清洁度。在控制液压油使用期限方面，是否换油取决于液压油被污染的程度，目前有以下三种确定换油期的方法：①目测换油法；②定期换油法；③取样化验法。

3.3 空气的性质

气压传动是以压缩空气作为工作介质来传递运动和动力的，空气的性质对气压传动系统的正常运行有重要的意义。

3.3.1 空气的基本状态参数

1. 密度和质量体积

单位体积内所含气体的质量称为该气体的密度，用 ρ 表示，单位为 kg/m^3，即

$$\rho = \frac{m}{V} \qquad (1-3-8)$$

式中　m——气体的质量（kg）；

　　　V——气体的体积（m^3）。

密度的倒数称为质量体积，表示单位质量的气体所占有的体积，用 v 表示，单位为 m^3/kg，即

$$v = \frac{1}{\rho} \qquad (1-3-9)$$

2. 压力

压力是由于气体分子热运动而互相碰撞，在容器的单位面积上产生的统计平均值，用 p 表示。压力的单位是 Pa，较大的压力单位用 kPa（1kPa = 1 000Pa）或 MPa（1MPa = 1×10^6 Pa）。压力可用绝对压力、表压力和真空度等来度量。绝对压力是以绝对真空作为起点的压力值，用 P_{ABS} 表示；表压力是高出当地大气压的压力值，由压力表测得的压力值即表压力，用 p 表示，必要时可在其右下角标注"e"，即 p_e；真空度是指低于当地大气压力的压力值。真空压力等于绝对压力与大气压力之差。真空压力在数值上与真空度相同，但应在其数值前加负号。表压力、绝对压力和真空度之间的关系可以用图 1-3-2 所示。

3. 温度

温度是气体分子热运动能的统计平均值，用 T（热力学温度，单位为 K）和 t（摄氏温度，单位为℃）表示。二者的关系为 $t = T - T_0$，$T_0 = 273.15$K。

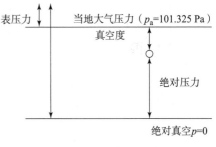

图 1-3-2　表压力、绝对压力和真空度的关系

3.3.2 空气的压缩性和黏性

气体容易压缩，有利于气体的储存，但难以实现气缸的平稳运动和低速运动。

空气的黏度是空气质点相对运动时产生阻力的性质。空气黏度的变化只受温度变化影响，且随温度的升高而增大。这主要是因为温度升高后，空气内分子运动加剧，使原本间距较大的分子之间的碰撞增多。显然，温度变化引起空气黏度和液体黏度的变化方向正好相反。压力的变化对空气黏度的影响很小，可以忽略不计。

3.3.3　空气的湿度

自然界的空气是由若干气体混合而成的，其主要成分是氮气、氧气和二氧化碳，其他气体所占比例很小。此外，空气中常含有一定的水蒸气，通常把含有水蒸气的空气称为湿空气，把不含有水蒸气的空气称为干空气。当湿空气中有水分析出时，该湿空气称为饱和湿空气。空气中含有水分的多少对系统的稳定性有直接影响，因此各种气动元件对允许含水量有明确规定，并且常采取一些措施防止水分进入。

湿空气中所含水分的程度通常用湿度来表示，湿度的表示方法有绝对湿度和相对湿度。各自的含义和表示方法如表 1-3-5 所示。

表 1-3-5　湿度的表示方法

名称	含义	表示方法
绝对湿度	每立方米湿空气中所含水蒸气的质量	$x = \dfrac{m_s}{V}$ x——绝对湿度（kg/m³）；m_s——水蒸气的质量（kg）；V——空气的体积（m³）
相对湿度	在某温度和总压力不变的条件下，其绝对湿度和饱和绝对湿度（饱和湿空气的绝对湿度）之比	$\varphi = x/x_b \times 100\%$ φ——相对湿度；x_b——饱和绝对湿度（kg/m³）。当 $\varphi = 0$ 时，表示干空气；当 $\varphi = 1$ 时，表示饱和湿空气。通常情况下，空气的相对湿度在 60%~70% 的范围内人体感觉比较舒适。气压传动技术中规定各种阀的相对湿度应小于95%

小知识

气体的高速流动和噪声

气压传动设备工作时，常出现气体高速流动，如气缸、气阀的高速排气，冲击气缸喷口处的高速气流，气动传感器的喷流等。气压传动设备工作时的排气，由于出口处气体急剧膨胀，会产生刺耳的噪声。噪声的强弱随排气量、排气速度和排气通道的形状不同而变化，排气的速度和功率越大，噪声也越大。为了降低噪声，应合理设计排气通道的形状，降低排气速度，安装消声装置。

想一想　在液压传动设备的使用过程中，如何控制液压油的污染？如何选择液压油的品种和黏度等级？当压缩空气中含有水蒸气时，气压传动系统会受到哪些影响？

知识点 4 液压传动系统中的压力和压力损失

4.1 液体的静压力

当液体处于相对静止时，液体单位面积上所受的法向力称为压力，在物理公式中表示为压强，通常用 p 表示。若在面积为 A 的液体上作用力为 F，则压强 p 的计算可表示为

$$p = F/A \tag{1-4-1}$$

式中，压力 p 的单位为 Pa（N/m^2）。由于 Pa 的单位太小，工程上常用 kPa 或 MPa 表示压力，它们之间的换算关系为 $1 MPa = 10^3 kPa = 10^6 Pa$。

液体的静压力具有下列两个特性：

1）液体的静压力垂直于其受压平面，且方向与该面的内法线方向一致。

2）静止液体内任意点处所受到的静压力在各个方向上都相等。

假设容器中装满液体，在任意一点 A 处取一微小面积 dA，该点距液面深度为 h。为了求得任意一点 A 的压力，可取 hdA 这个液柱为分离体，如图 1-4-1（b）所示。根据静压力的特性，作用于这个液柱上的力在各个方向都平衡，现求各作用力在 Z 方向的平衡方程。微小液柱顶面上的作用力为 $p_0 dA$（方向向下），液柱本身的重力 $G = \rho g h dA$（方向向下），液柱底面对液柱的作用力为 pdA（方向向上），则平衡方程为

$$pdA = p_0 dA + \rho g h dA \tag{1-4-2}$$

即

$$p = p_0 + \rho g h \tag{1-4-3}$$

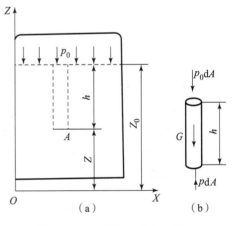

图 1-4-1 静压力的分布规律

由上式可知：

1）静止液体中任一点的压力均由两部分组成，即液面上的表面压力 p_0 和液体自重对该点的压力 $\rho g h$。

2）静止液体内的压力随液体距液面的深度变化呈线性规律分布，且在同一深度上各点的压力相等，压力相等的所有点组成的面为等压面。很显然，在重力作用下，静止液体的等压面为一个平面。

3）在液压系统中，通常作用在液面上的压力 p_0 要比液体自重所产生的压力 $\rho g h$ 大得多。因此可把 $\rho g h$ 项略去，而认为静止液体内部各点的压力处处相等。

4）可通过以下三种方式使液面产生压力：①固体壁面，如活塞；②气体；③不同质的液体。

压力的表示方法有两种，即绝对压力和相对压力。绝对压力是以零压力为基准的压力；相对压力是以大气压力为基准的压力。绝大多数测压仪表所测得的压力都是相对压力，所以相对压力也称为表压力。相对压力与绝对压力的关系为：相对压力＝绝对压力－大气压力。当绝对压力低于大气压力时，比大气压力小的那部分数值称为真空度。即，真空度＝大气压力－绝对压力。

4.2　帕斯卡定律

在密封容器中，施加于静止液体任一点的压力将以等值传递到液体内各点，这就是帕斯卡定律，或称为静压传递原理。

根据帕斯卡定律和静压力的特性，液压传动不仅可以进行力的传递，而且还能将力放大和改变力的方向。

图 $1-4-2$ 所示为应用帕斯卡定律推导压力与负载关系的实例。图中左侧大液压缸（负载缸）的截面积为 A_1，右侧小液压缸的截面积为 A_2，两个活塞上的外作用力分别为 F_1 和 F_2，则缸内压力分别为 $p_1 = F_1/A_1$，$p_2 = F_2/A_2$。由于两缸充满液体且互相连接，根据帕斯卡定律有 $p_1 = p_2$。因此有

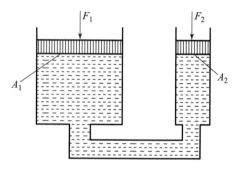

$$F_1 = F_2 \cdot \frac{A_1}{A_2} \qquad (1-4-4)$$

图 $1-4-2$　帕斯卡定律应用实例

由于 $A_1/A_2 > 1$，故 $F_1 > F_2$，即用较小的力 F_2，就可以产生很大的力 F_1。液压千斤顶和水压机就是按此定律制成的。若 $F_1 = 0$，则当略去活塞重力和其他阻力时，不论怎样推动右侧小液压缸的活塞，也不能在液体中形成压力，即液压传动系统中的压力是由外负载决定的，这是液压传动的基本概念之一。

📝 小知识

> 静止液体内任一点处的压力在各个方向都是相等的，但是在流动液体内，由于惯性和黏性的影响，任意点处在各个方向上的压力并不相等。但因为数值相差甚微，所以流动液体内任意点处的压力在各个方向上的数值可以看作是相等的。

4.3　液体对固体壁面的作用力

液体和固体壁面相接触时，固体壁面将受到液体压力的作用。液体在受外界压力作用的情况下由于液体自重所形成的那部分压力（$\rho g h$）相对较小，在分析液压系统的压力时常可忽略不计，因而可以认为整个液体内部的压力是近似相等的。

当固体壁面为平面时，液体对该平面的作用力 F 等于液体压力 p 与该平面面积 A 的乘积

（作用力方向与平面垂直），即

$$F = pA \qquad (1-4-5)$$

当固体壁面为一曲面时，液体在某一方向（X）上对曲面的作用力 F_X 等于液体压力 p 与曲面在该方向（X）投影面积 A 的乘积，即

$$F_X = pA_X \qquad (1-4-6)$$

图 1-4-3 所示为液体对锥面的作用力。与锥面接触的液体压力为 p，锥面与阀口接触处的直径为 d，液体在轴线方向对锥面的作用力 $F_轴$ 等于液体压力 p 与受压锥面在轴线方向投影面积 $\pi d^2/4$ 的乘积，即

$$F_轴 = \pi p d^2/4 \qquad (1-4-7)$$

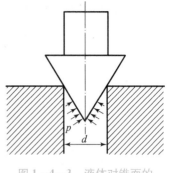

图 1-4-3 液体对锥面的作用力

4.4 压力损失

流动的液压油各质点之间以及液压油与管壁之间的摩擦与碰撞会产生阻力，这种阻力叫作液阻。由于系统存在液阻，液压油流动时会引起能量损失，主要表现为压力损失。

如图 1-4-4 所示，液压油从 A 处流到 B 处，中间经过较长的直管路、弯曲管路、各种阀孔和管路截面的突变等。由于液阻的影响，液压油从 A 处到 B 处的压力损失为 Δp：

$$\Delta p = p_A - p_B \qquad (1-4-8)$$

在液压传动中，压力损失分为沿程压力损失和局部压力损失两类。

沿程压力损失是液压油沿等直径直管流动时所产生的压力损失，这类压力损失是由液压油流

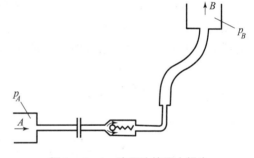

图 1-4-4 液压油的压力损失

动时的内、外摩擦力所引起的。它主要取决于液压油的流速、黏性、管路的长度、油管的内径和粗糙度。管路越长，沿程压力损失越大。

局部压力损失是液压油流经局部障碍（如弯管、接头、管道截面突然扩大或收缩）时，由于液流的方向和速度的突然变化，在局部形成旋涡，液压油质点间以及质点与固体壁面间相互碰撞和剧烈摩擦而产生的压力损失。在液压传动系统中，由于各种液压元件的结构、形状和布局等原因，管路的形式比较复杂，因而局部压力损失是主要的压力损失。

液压油流动时产生的压力损失，会造成功率浪费，液压油升温发热，黏度下降，使泄漏增加，同时液压元件受热膨胀也会影响正常工作，甚至"卡死"。因此，必须采取措施尽量减少压力损失。一般情况下，只要液压油黏度适当，管路内壁光滑，尽量缩短管路长度和减少管路的截面变化及弯曲，就可以使压力损失控制在很小的范围内。

影响压力损失的因素有很多，精确计算较为复杂，通常采用近似估算的方法。

液压泵的最高工作压力的近似计算公式为

$$p_泵 = K_压 p_缸 \qquad (1-4-9)$$

式中 $p_泵$——液压泵最高工作压力；

$p_{缸}$——液压缸最高工作压力；

$K_{压}$——系统的压力损失系数，一般 $K_{压}=1.3\sim1.5$，系统复杂或管路较长取较大值，反之取较小值。

知识点 5　液压传动系统中的流量和流量损失

5.1　流量

液体在管路中流动时，通常将垂直于液体流动方向的截面称为通流截面，或称为过流截面。单位时间内流过通流截面的液体的体积称为流量，用 q 表示。

当液流通过图 $1-5-1$（a）所示的微小通流截面 dA 时，液体在该截面上各点的速度 u 可以认为是相等的，所以通过该微小通流截面的流量为

$$dq = udA \qquad (1-5-1)$$

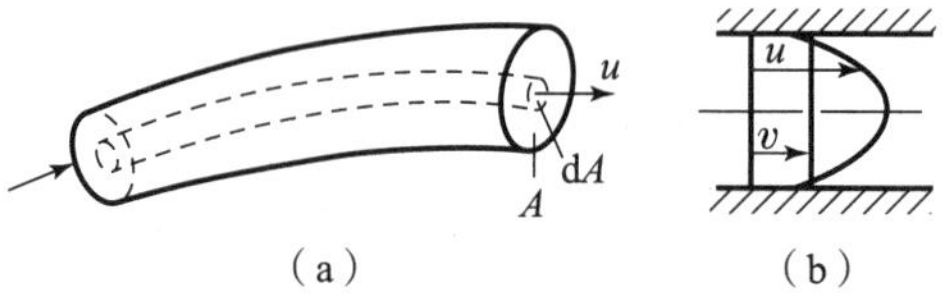

流过整个通流截面的流量为

图 $1-5-1$　液体的流量和平均流速

$$q = \int_A udA \qquad (1-5-2)$$

如图 $1-5-1$（b）所示，对于实际液体的流动，速度 u 的分布规律较复杂，故按式（$1-5-2$）计算流量是困难的。现假设通流截面上各点的流速均匀分布，液体以此平均流速 v 流过通流截面的流量等于以实际流速流过的流量，即

$$q = \int_A udA = vA \qquad (1-5-3)$$

由此得出通流截面上的平均流速为

$$v = q/A \qquad (1-5-4)$$

在实际的工程计算中，平均流速才具有应用价值。在液压缸工作时，活塞的运动速度与缸内液体的平均流速相等。由此可见，当液压缸的有效面积 A 一定时，活塞的运动速度，由进入液压缸的流量 q 决定。这是液压传动中的一个重要概念。

5.2　流量损失

在液压传动系统正常工作的情况下，从液压元件的密封间隙漏过少量液压油的现象称泄漏。由于液压元件必然存在着一些间隙，当间隙两端有压力差时，就会有液压油从这些间隙中流过。因此，液压系统中的泄漏现象总是存在的。液压系统的泄漏包括内泄漏和外泄漏两种。液压元件内部高、低压腔间的泄漏称为内泄漏。液压系统内部的液压油漏到外部的泄漏

称为外泄漏。图 1-5-2 所示为液压缸的两种泄漏现象。

液压传动系统的泄漏必然引起流量损失，使液压泵输出的流量不能全部流入液压缸等执行元件。流量损失一般也采用近似估算的方法，液压泵输出流量的近似计算公式为

$$q_{泵} = K_{漏} q_{缸} \qquad (1-5-5)$$

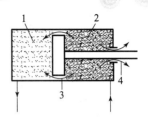

图 1-5-2　液压缸的泄漏

1—低压腔；2—高压腔；
3—内泄漏；4—外泄漏

式中　$q_{泵}$——液压泵最大输出流量（m^3/s）；

　　　$q_{缸}$——液压缸的最大流量（m^3/s）；

　　　$K_{漏}$——系统的泄漏系数，一般 $K_{漏} = 1.1 \sim 1.3$，系统复杂或管路较长时取大值，反之取小值。

5.3　孔口和缝隙流动

5.3.1　液体流经小孔的流量

小孔可以分为三种，当小孔的长度 L 与直径 d 的比值 $L/d \leqslant 0.5$ 时为薄壁小孔；当 $L/d > 4$ 时为细长孔；当 $0.5 < L/d \leqslant 4$ 时为短孔。如图 1-5-3 所示，当液体经管路由薄壁小孔流出时，由于液流的惯性作用，通过小孔后的液流要经过一个先收缩后扩散的过程，当管路直径 D 与小孔直径 d 的比值 $D/d \geqslant 7$ 时，收缩作用不受孔前管路内壁的影响，这时收缩称为完全收缩。反之，当 $D/d < 7$ 时，孔前管路对液流进入小孔起导向作用，这时的收缩称为不完全收缩。

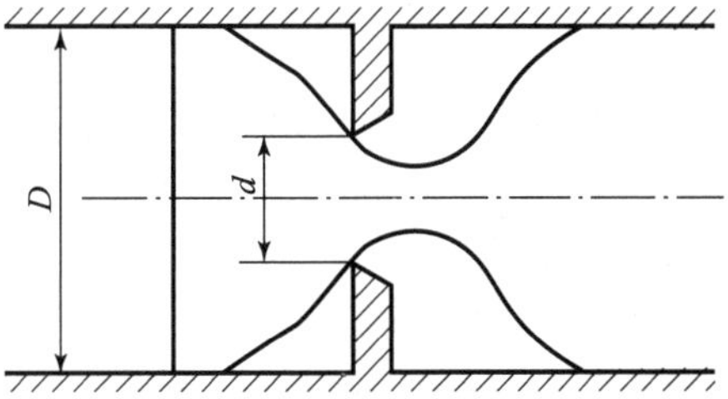

通过薄壁小孔的流量为

$$q = C_q A \sqrt{\frac{2}{p} \Delta p} \qquad (1-5-6)$$

式中　C_q——流量系数，由实验确定，完全收缩时取 $0.61 \sim 0.62$，不完全收缩时取 $0.70 \sim 0.80$。

薄壁小孔因其沿程阻力损失非常小，通过小孔的流量与黏度无关，即流量对液压油温度的变化不敏感。因此，液压传动系统中常采用薄壁小孔作为节流小孔。

图 1-5-3　通过薄壁小孔的液流

1. 短孔的流量计算

短孔与薄壁小孔的流量公式相同但流量系数不同，一般取 0.82。短孔易加工，常用作固定节流器。

2. 细长孔的流量计算

$$q = \frac{\pi d^4}{128 \mu L} \Delta p \qquad (1-5-7)$$

由上式可知，液体流经细长孔的流量与液体的黏度成反比，即流量受温度影响，并且流量与细长孔前后的压力差呈线性关系。

上述各小孔的流量可归纳为一个通用公式：

$$q = C A \Delta p^m \qquad (1-5-8)$$

式中　C——系数，由孔的形状、尺寸和液体性质决定。对细长孔，$C = d^2/(32\mu L)$；对薄壁

小孔和短孔 $C = C_q\sqrt{\dfrac{2}{\rho}}$；

m——由孔的长径比决定的指数，细长孔 $m = 1$，薄壁小孔 $m = 0.5$，短孔 $0.5 < m < 1$。

5.3.2　液体流经缝隙的流量

1. 液体流经平行平板缝隙的流量

液体在两固定平行平板间流动是由压差引起的，故也称压差流动。如图 1-5-4 所示，平板的长度为 L，宽度为 b（图中未标出），缝隙高度为 h，在压差 Δp 作用下通过平行平板缝隙的流量为

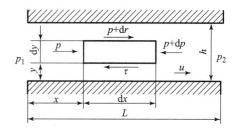

$$q = \frac{bh^3}{12\mu L}\Delta p \qquad (1-5-9)$$

图 1-5-4　平行板缝隙流量计算简图

式中　μ——液体的动力黏度。

由式（1-5-9）可以得出，通过缝隙的流量与缝隙高度的三次方成正比，可见液压元件内间隙大小对泄漏的影响很大，故要尽量提高液压元件的制造精度，以便减少泄漏。

2. 液体流经环形缝隙的流量

如图 1-5-5 所示，当液体在压差作用下流经同心环形缝隙时，流量计算公式为

$$q = \frac{dh^3}{12\mu L}\Delta p \qquad (1-5-10)$$

在实际工作中，圆柱体与孔的配合很难保持绝对同心，往往带有一定偏心距 e，如图 1-5-6 所示，偏心环形缝隙在压差作用下流动的流量计算公式为

$$q = \frac{\pi dh^3}{12\mu L}\Delta p(1 + 1.5\varepsilon^2) \qquad (1-5-11)$$

式中　ε——偏心率，$\varepsilon = e/h$；

h——同心时的缝隙量。

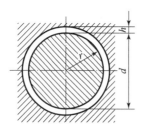

图 1-5-5　同心环形缝隙

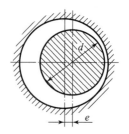

图 1-5-6　偏心环形缝隙

由式（1-5-11）可见，偏心距 e 越大，泄漏量也越大，故在液压元件的设计制造和装配中应当采取适当的措施，以保证较高的配合同轴度。

知识拓展

液压冲击和空穴现象

1. 液压冲击

在液压传动系统中，如果阀门关闭过快而使液流速度突变，或者换向使液流方向突变，就会使系统中液压油压力突然升高而产生液压冲击。液压冲击会引起振动和噪声，密封装置和管路等液压元件的损坏，有时还会使某些元件如压力继电器、顺序阀动作，影响系统的正常工作。因此，必须采取有效措施来减轻或防止液压冲击。减轻液压冲击的基本措施是尽量避免液流速度发生急剧变化，或延缓速度变化的时间。其方法是：尽量限制管路中液流的速度；缓慢开关阀门；必须在系统中设置蓄能器，在安全液压元件中设置缓冲装置（如节流孔）。

2. 空穴现象

当系统压力迅速下降至低于空气分离压时，溶于液压油中的空气就会游离出来而变成气泡，这些气泡夹杂在液压油中形成气穴（空穴），这种现象称为空穴现象。

液压系统中出现空穴现象时，空气的可压缩性大，会破坏液体流动的连续性，造成流量和压力脉动；气泡随液流进入高压区时会被急剧破灭，引起局部液压冲击，系统产生强烈的噪声和振动。当附着在金属表面上的气泡破灭时，它所产生的局部高压作用，以及液压油中逸出气体的氧化作用，会使金属表面剥蚀或出现海绵状的小凹坑。这种由空穴造成的腐蚀作用称为气蚀，它会使元件寿命缩短。气穴多发生在阀口和泵的进口处，阀口的通道狭窄、流速增大、压力大幅下降，会造成气穴。当安装高度过高或油面不足、吸油管直径太小、吸油阻力大时，滤油器拥塞，造成进口处吸度过大，亦会造成空穴。为减少空穴和气蚀的危害，适当加大吸油管内径，降低吸度，限制吸油管的流速，及时清洗滤油器，对高压泵可采用辅助泵供油，防止空气进入系统，使管路保持良好的密封性。这些都是很好的措施。

 实践活动

活动1：搭建一个简单的液压传动系统。

实践目的	掌握液压传动系统的工作原理。 认识液压传动系统的基本组成。 掌握主要液压元件的功能
工作原理	切换手动换向阀，使阀芯左位工作，液压油经节流阀进入液压缸左腔，推动活塞杆向右运动；切换手动换向阀，使阀芯右位工作，液压油进入液压缸右腔，活塞杆缩回

续表

| 参考步骤 | 1）在老师指导下，按图 1 - s - 1 固定并连接各液压元件。
2）起动液压泵电动机。
3）在老师指导下，将溢流阀调整到一个合适的状态。
4）改变换向阀的位置，观察液压缸的运动方向。
5）调节节流阀的开口大小，观察液压缸的运动速度。
6）调节溢流阀，观察压力计变化情况，监听液压泵的声音。
7）按老师要求，填写实践报告，整理各液压元件 | 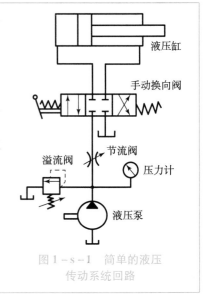
图 1 - s - 1　简单的液压传动系统回路 |

注意：起动液压泵电动机前，应将溢流阀的调节螺母放在最松状态；连接液压元件时，要可靠，防止松脱和泄漏。

实践活动工作页

姓名：_____　　学号：_____　　日期：_____

实践内容：

过程记录：	出现的问题及解决方法：
	实践心得：
小组评价		教师评价	

活动2：搭建一个简单的气压传动系统。

实践目的	掌握气压传动系统的工作原理。 认识气压传动系统的基本组成。 掌握主要气压元件的功能
工作原理	按下常闭式按钮阀，压缩空气经气动三联件、减压阀进入单作用气缸左腔，推动活塞杆向右伸出；松开常闭式按钮阀后，单作用气缸在弹簧作用下回到原位，压缩空气经常闭式按钮阀 R 口排出
参考步骤	1）在老师指导下，按图 1－s－2 固定并连接各气压元件。 2）在老师指导下，将减压阀调整到一个合适的状态。 3）打开气源装置。 4）按下常闭式按钮阀，观察气缸活塞杆的运动。 5）松开常闭式按钮阀，观察气缸活塞杆的运动。 6）按老师要求，填写实践报告，整理各气压元件 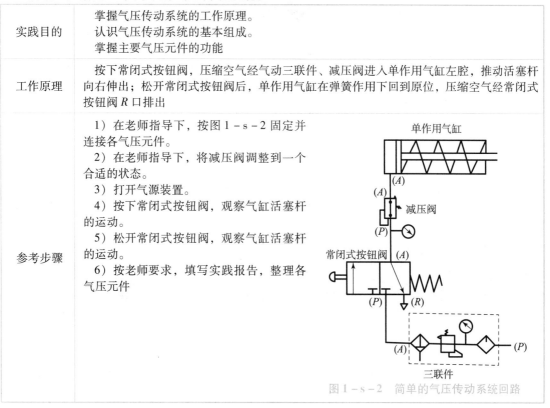 图 1－s－2　简单的气压传动系统回路

注意：打开气源装置前，应检查各气管是否连接正确和紧固；减压阀的进气口和出气口不要接反。

实践活动工作页

姓名：_____　　　　学号：_____　　　　日期：_____

实践内容：	
过程记录：	出现的问题及解决方法：
	实践心得：
小组评价	教师评价

单元小结

一、知识框架

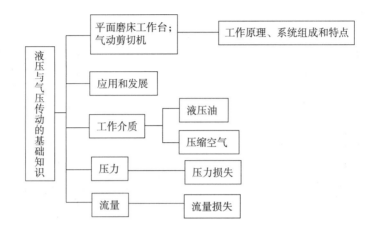

二、知识要点

1. 液压（气压）传动是指以液体（气体）为工作介质进行能量传递和控制的传动方式。

2. 液压传动系统主要由动力元件、执行元件、控制元件、辅助元件以及工作介质液压油五个部分组成。气压传动系统的基本组成和液压传动系统类似，由气源装置、执行元件、控制元件、辅助元件和工作介质压缩空气组成。

3. 液体的黏性有动力黏度、运动黏度和相对黏度三个测试指标。

4. 压力可用绝对压力、表压力和真空度等来度量。

5. 湿空气中所含水分的程度通常用湿度来表示，湿度的表示方法有绝对湿度和相对湿度。

6. 在密封容器中，施加于静止液体任一点的压力将以等值传递到液体内各点，这就是帕斯卡定律，或称为静压传递原理。

7. 在液压传动中，压力损失分为沿程压力损失和局部压力损失两类。

8. 液体在管路中流动时，通常将垂直于液体流动方向的截面称为通流截面，或称为过流截面。单位时间内流过通流截面的液体体积称为流量，用 q 表示。

综合练习

一、填空题

1. 液压传动的工作原理是利用液体的_____来传递动力，利用_____来传递运动。

2. 液压传动系统主要由动力元件、执行元件、_____、辅助元件和工作介质五个部分组成。

3. 气压传动系统由_____、执行元件、控制元件、辅助元件和工作介质五部分组成。在这五个组成部分中，_____将气体的压力能转换为机械能。

4. 单位体积内液体的_____称为该液体的密度。

5. 液体受到压力作用时体积减小的性质称为该液体的_____。液体的压缩性的大小用_____表示。

6. 在控制液压油使用期限方面，是否换油取决于液压油被污染的程度，目前有以下三种确定换油期的方法：①目测换油法；②_____；③取样化验法。

7. 当固体壁面为一曲面时，液体在某一方向（X）上对曲面的作用力 F_X 等于液体压力 p 与_____的乘积。

8. 在密封容器中，施加于静止液体任一点的压力将以等值传递到液体内各点，这就是帕斯卡定律，或称为_____。

9. 液压系统中的压力是由_____决定的，这是液压传动的基本概念之一。

10. 在液压传动中，压力损失分为_____和_____两类。

11. 液体在管路中流动时，通常将_____于液体流动方向的截面称为通流截面，或称为过流截面。

12. 在液压缸工作时，活塞的运动速度与缸内液体的_____相等。

13. 液压系统的泄漏包括内泄漏和_____两种。液压元件内部高、低压腔间的泄漏称为_____。液压系统内部的液压油漏到外部的泄漏称为_____。

二、判断题

1. 液压和气压传动可以保证准确的传动比。（　　）
2. 液压与气压传动元件制造精度高，系统出现故障时不易诊断。（　　）
3. 系统工作压力较高时，宜选用黏度较大的液压油，以减少泄漏。（　　）
4. 环境温度较高时，宜选用黏度较小的液压油。（　　）
5. 液体只有在流动时才会呈现出黏性，静止的液体不呈现黏性。（　　）
6. 空气黏度的变化只受温度变化影响，且随温度的升高而减小。（　　）
7. 在液压传动系统中，由于各种液压元件的结构、形状和布局等原因，管路的形式比较复杂，因而局部损失是主要的压力损失。（　　）
8. 液压传动只能进行力的传递，不能将力放大或改变力的方向。（　　）
9. 偏心距 e 越小，泄漏量就越大，故在液压元件的设计制造和装配中应当采取适当的措施，以保证较高的配合同轴度。（　　）
10. 液压系统中常采用薄壁小孔作为节流小孔。（　　）

三、选择题

1. 在液压系统的所有元件中，（　　）对液压油的性能最为敏感。
   A. 液压泵　　　　B. 液压缸　　　　C. 液压阀　　　　D. 蓄能器
2. 液压油（液）的黏度等级就是以其（　　）时运动黏度的某一中心值表示。

　　A. 10℃　　　　　B. 20℃　　　　　C. 30℃　　　　　D. 40℃

3. 真空压力是（　　）与大气压力之差。

　　A. 压力　　　　　B. 绝对压力　　　C. 真空度　　　　D. 相对压力

4. 单位时间内流过通流截面的液体的（　　）称为流量，用 q 表示。

　　A. 速度　　　　　B. 质量　　　　　C. 体积　　　　　D. 面积

5. 液压系统中（　　）的作用是为系统提供一定流量和压力的液压油，是液压系统的动力源。

　　A. 动力元件　　　B. 执行元件　　　C. 辅助元件　　　D. 控制元件

6. 空气的绝对湿度是指每立方米湿空气中所含水蒸气的（　　）。

　　A. 体积　　　　　B. 密度　　　　　C. 质量　　　　　D. 百分比

7. 管路越长，沿程压力损失（　　）。

　　A. 越大　　　　　B. 越小　　　　　C. 不变　　　　　D. 不确定

四、计算题

1. 如图 1－t－1 所示，通流截面直径 $d_1 = d_2/4$，在 1—1 截面处液体的平均流速为 8.0m/s，压力为 1.0MPa，液体的密度为 1 000kg/m^3。求 2—2 截面处的平均流速和压力（按理想液体考虑）。

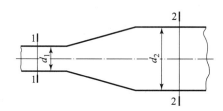

图 1－t－1　变截面水平圆管

2. 如图 1－t－2 所示，大、小活塞的直径分别为 $D = 40$mm，$d = 10$mm，假设 $F_1 = 250$N，则作用在小活塞上的力 F_2 是多少？系统中的压力为多少？大活塞能顶起重力 G 为多少的重物？大、小活塞哪一个运动速度快？比慢的快多少倍？

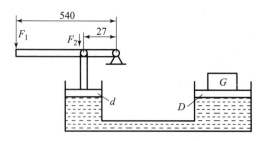

图 1－t－2　液压千斤顶的工作原理

单元二
液压动力元件

情境导入

　　液压设备各式各样，都离不开动力元件——液压泵。液压泵作为液压系统的动力源，为液压系统提供动力。如图2-1所示，液压升降机中液压泵将机械能转换为液压能，最终通过液压缸实现汽车的举升和下降。那么，液压泵是如何工作的呢？本单元将带你走进液压泵的世界，学习液压泵的类型、特点及选用等相关基础知识。

图2-1　液压升降机

学习要求

　　通过对本单元的学习，理解液压泵的工作原理；熟悉液压泵的类型和图形符号；了解齿轮泵、叶片泵、柱塞泵的工作原理、特点及应用；了解液压泵的选用和简单故障的排除。学习时，应注重理解，注重实践，理实结合，通过图文对照、实物拆装等手段加强对相关知识的理解和应用。

知识点 1 液压泵概述

　　液压泵的作用是把机械能转换成液压能，向液压传动系统提供动力，是液压传动系统的动力元件，也是液压传动系统必不可少的核心元件。液压泵性能的好坏，直接影响液压传动系统的工作。

1.1　液压泵的工作原理

　　液压泵依靠密封容积的变化来工作，因此又称为容积式液压泵。图2-1-1所示为一单柱塞液压泵的工作原理。图中，柱塞2和缸体3形成封闭容积，柱塞2在弹簧6的作用下始终压紧在偏心轮 1 上。原动机驱动偏心轮 1 旋转，使柱塞 2 往复运动，封闭容积的大小随之周期性变化。当封闭容积变大时，封闭容积内的压力减少，油箱中的液压油在大气压的作用下，通过单向阀 4 进入封闭容积内，实现吸油功能；容积由大变小，使得封闭容积内的油压升高，单向阀 4 关闭，单向阀 5 打开，液压油流进系统，实现压油。通过偏心轮的不断旋转，液压泵就不断地吸油和压油，将原动机输入的机械能转换为液压能，保障液压设备的正常运转。

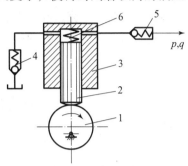

1—偏心轮；2—柱塞；3—缸体；
4、5—单向阀；6—弹簧
图 2 - 1 - 1　单柱塞液压泵的
工作原理

从以上分析中可以看出，液压泵要实现吸油和压油的过程，必须具备以下条件：

1）具备密封容积。

2）密封容积的大小可以交替变化。

3）具有配油机构。其作用是：吸油时，密封容积和油箱相通；压油时，密封容积和供油管路相通。图 2 - 1 - 1 中，单向阀 4、5 就是配油装置。

4）吸油时，油箱要与大气相通，保证吸油畅通。

1.2　液压泵的类型和图形符号

1. 液压泵的类型

液压泵的类型很多，根据流量是否可调节分为定量泵和变量泵，根据输油方向是否可变分为单向泵和双向泵，根据结构不同分为齿轮泵、叶片泵和柱塞泵等，根据液压泵额定压力的高低分为高压泵、中压泵和低压泵等。

2. 液压泵的图形符号

液压泵的图形符号如表 2 - 1 - 1。

表 2 - 1 - 1　液压泵的图形符号

类型	单向定量泵	单向变量泵	双向定量泵	双向变量泵
图形符号				

知识点 2　液　压　泵

根据结构不同，液压泵可分为齿轮泵、叶片泵和柱塞泵等。

2.1　齿轮泵

齿轮泵在液压系统中应用广泛，主要优点有加工简单、价格较低、体积小、质量轻、工作可靠等，缺点是流量和压力脉动大、排量不可调节。按照结构不同，齿轮泵可以分为外啮合齿轮泵和内啮合齿轮泵两种，其中外啮合齿轮泵应用更广。

2.1.1　齿轮泵的工作原理

图 2-2-1 所示为外啮合齿轮泵的工作原理。一对参数完全相同的外齿轮安装于壳体内，齿轮的两端面由端盖密封，这样两个齿轮就将壳体内腔分成左右不相通的密封油腔，并且每个齿槽都形成一个密封的工作容积。当齿轮按图示方向转动时，在右侧吸油腔，轮齿在啮合点依次从对方齿槽中退出，密封空间的有效容积增大，形成吸油；在左侧压油腔轮齿啮合点区域，轮齿依次进入对方齿槽中，密封空间的有效容积减小，形成压油。两齿轮连续转动，吸油腔就连续吸油，压油腔就连续压油。

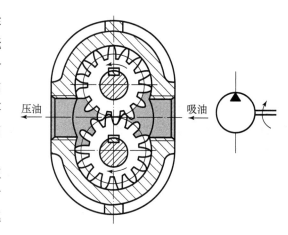

图 2-2-1　外啮合齿轮泵的工作原理

2.1.2　齿轮泵的特点

1）结构简单，尺寸小，质量小，制造方便，价格低。

2）工作可靠，自吸能力强，对油污不敏感。

3）存在径向不平衡力。齿轮泵工作时，吸油腔和压油腔的压力不相等，作用在齿轮和轴承上的径向力不平衡。为了解决这个问题，CB-B 型齿轮泵用缩小压油口的方式减少液压油压力的作用面积，所以齿轮泵的压油口孔径往往比吸油口孔径小。

4）泄漏量大，工作压力低。外啮合齿轮泵的泄漏主要有齿顶与泵体内壁间的泄漏、齿轮端面与端盖间的泄漏和轮齿啮合处的泄漏。其中，通过端面间隙的泄漏量最大，占总泄漏量的 75%～80%。压力越大，泄漏越大，容积效率越低，故一般的齿轮泵不适合用作高压泵。

5）输油量不均匀，脉动大，噪声大。

6）流量不可调节，属于定量泵。

2.1.3　齿轮泵的应用

齿轮泵的工作压力较低，主要适用于低于 2.5MPa 的低压系统。

2.2　叶片泵

叶片泵的结构比齿轮泵复杂，但是其流量脉动小、工作平稳、噪声低、体积小、质量轻，所以被广泛应用于专业机床、自动生产线、船舶等中低压液压传动系统中。

2.2.1 叶片泵的分类

叶片泵按其输出流量是否可变，分为定量叶片泵和变量叶片泵；按每转吸、压液压油的次数，分为单作用式叶片泵和双作用式叶片泵。

1. 单作用式叶片泵

图 2-2-2 所示为单作用式叶片泵的工作原理。单作用式叶片泵由转子 1、定子 2、叶片 3 和端盖等组成。定子 2 具有圆柱形内表面，定子 2 和转子 1 间存在偏心距 e，叶片 3 装在转子槽中，并可在槽内滑动。当转子 1 回转时，由于离心力的作用，叶片 3 紧靠在定子内壁。这样，在定子 2、转子 1、叶片 3 和两侧配油盘间就形成了若干个密封的工作空间。当转子 1 按逆时针方向回转时，在图 2-2-2 的右部，叶片 3 逐渐伸出，叶片间的空间逐渐增大，从吸油口吸油，这是吸油腔。在图 2-2-2 的左部，叶片 3 被定子内壁逐渐压进槽内，工作空间逐渐缩小，将液压油从压油口压出，这就是压油腔。在吸油腔和压油腔之间有一段封油区，把吸油腔和压油腔隔开。这种叶片泵每转一周，每个工作腔就完成一次吸油和压油过程，因此称为单作用式叶片泵。转子 1 不停地旋转，泵就不断地吸油和排油。

改变转子 1 与定子 2 的偏心距大小和偏心方向，即可改变泵的输油量大小和输油方向。偏心量越大，流量就越大。若将转子 1 与定子 2 调成同心的，则流量接近于零。因此单作用式叶片泵大多为双向变量泵。

2. 双作用式叶片泵

双作用式叶片泵的工作原理如图 2-2-3 所示，它也是由定子、转子、叶片和端盖等组成的。转子和定子的中心重合，定子内表面近似为椭圆柱形。当转子转动时，叶片在离心力的作用下，沿转子槽内做径向移动而压向定子内表面，由叶片、定子、转子、端盖等形成若干个密封容积。当转子按图示方向旋转时，处于右下和左上的密封容积增大，从吸油窗吸入液压油；处于左下方和右上方的密封容积变小，从压油窗排出液压油。转子不停地旋转，泵就不断地吸油和压油。

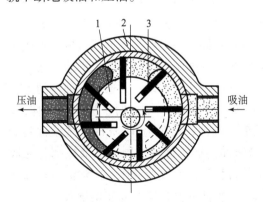

1—转子；2—定子；3—叶片。
图 2-2-2　单作用式叶片泵的工作原理

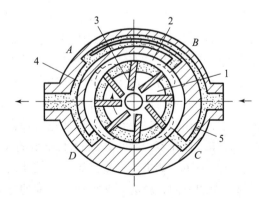

1—转子；2—配油盘；3—叶片；4—定子；5—泵体。
图 2-2-3　双作用式叶片泵的工作原理

该叶片泵的转子每转一周，每个密封容积完成两次吸油和压油过程，所以称为双作用式叶片泵。由于该泵有两个吸油腔和两个压油腔，并且各自的中心夹角是对称的，所以作用在转子上的液压作用力相互平衡，故又称为卸荷式叶片泵。

该泵的定子和转子的中心重合，不能改变泵的输油量大小和输油方向，故该泵属于单向定量泵。

2.2.2 叶片泵的优缺点及应用

1. 叶片泵的主要优点

1）输出流量比齿轮泵均匀，运转平稳，噪声小。

2）工作压力高，效率较高。

3）单作用式叶片泵易于实现流量调节，双作用式叶片泵因转子所受径向液压力平衡而使用寿命长。

4）结构紧凑，轮廓尺寸小。

2. 叶片泵的主要缺点

1）自吸性能较齿轮泵差，对吸油条件要求较严，其转速宜为 $600 \sim 1\,500\mathrm{r/min}$。

2）对液压油污染较敏感，叶片容易被液压油中的杂质黏着（俗称"咬死"），工作可靠性较差。

3）结构较复杂，价格较高。

3. 叶片泵的应用

叶片泵一般用在中低压（6.3MPa 以下）液压传动系统中，主要用于机床控制，特别是双作用式叶片泵因流量脉动很小而在精密机床中得到了广泛使用。

2.3 柱塞泵

柱塞泵是通过柱塞在缸体的柱塞孔内做往复运动来实现吸油和压油的，按照柱塞的排列方向不同分为径向柱塞泵和轴向柱塞泵两类。径向柱塞泵的柱塞轴线与中心线垂直，轴向柱塞泵的柱塞轴线平行于缸体中心线。

1. 轴向柱塞泵的工作原理

轴向柱塞泵是将多个柱塞配置在一个共同缸体的柱塞孔内，并使柱塞轴线和缸体轴线平行的一种泵。如图 2-2-4 所示，轴向柱塞泵主要由缸体 1、配油盘 2、柱塞 3 和斜盘 4 组成。柱塞沿圆周均匀分布在缸体内，斜盘轴线与缸体轴线倾斜一角度，柱塞靠机械装置或在低压油的作用下压紧在斜盘上（图中为弹簧），配油盘 2 和斜盘 4 固定不转。原动机通过传动轴使缸体转动时，由于斜盘的作用，迫使柱塞在缸体内做往复运动，并通过配油盘的配油窗口进行吸油和压油。当缸体按图中所示的方向回转，转角为 $\pi \sim 2\pi$ 时，柱塞向外伸出，柱塞底部缸孔的密封容积增大，通过配油盘的吸油窗口吸油；转角为 $0 \sim \pi$ 时，柱塞被斜盘推入缸体，缸孔容积减小，通过配油盘的压油窗口压油。缸体每转一周，每个柱塞各完成吸、压油一次。如果改变斜盘倾角，就能改变柱塞的行程，从而改变液压泵的输油量；改变斜盘倾角的方向，就能改变吸油和压油的方向。因此，轴向柱塞泵属于双向变量泵。

2. 径向柱塞泵的工作原理

径向柱塞泵的柱塞轴线与转子的轴线垂直。如图 2-2-5 所示，它主要由定子 2、转子 3、柱塞 1、配油轴 5 等组成。由于转子与定子间有偏心距 e，因此当转子回转时，柱塞在柱塞孔内做往复移动。图中转子做顺时针转动，柱塞在上半周内逐渐向外伸出，柱塞底部的密封容积逐渐增大，从而通过配油轴上的吸油口 4 吸油。柱塞在下半周内逐渐向内缩进，柱塞底部的密封容积逐渐变小，从而通过配油轴上的压油口6压油。转子每转一周，每个柱塞各完成吸、压油一次。改变偏心距 e 的大小，就能改变柱塞的行程，从而改变液压传动系统的输油量。改变偏心方向，就能改变吸油和压油的方向。因此，径向柱塞泵属于双向变量泵。

需要指出的是，径向柱塞泵的径向尺寸大，柱塞顶部与定子内表面为点接触，易磨损，因而限制了它的使用。

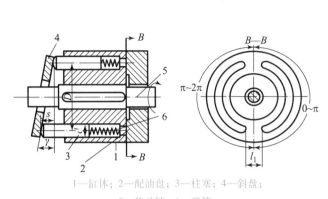

1—缸体；2—配油盘；3—柱塞；4—斜盘；
5—传动轴；6—弹簧。

图 2 - 2 - 4　轴向柱塞泵的工作原理

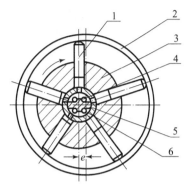

1—柱塞；2—定子；3—转子；4—吸油口；
5—配油轴；6—压油口。

图 2 - 2 - 5　径向柱塞泵的工作原理

3. 柱塞泵的特点及应用

与齿轮泵和叶片泵相比，柱塞泵的主要优点如下：

1）工作压力高、效率高。构成密封容积的零件为圆柱形的柱塞和缸孔，加工方便，可得到较高的配合精度，密封性能好，因而在高压下仍有较高的容积效率。

2）只改变柱塞的工作行程，就能改变流量，易于实现流量调节。

柱塞泵的缺点为：

1）对液压油污染极敏感。

2）结构复杂，价格高。

柱塞泵一般用于高压、大流量及流量需要调节的液压传动系统，如龙门床、拉床、液压机、工程机械、矿山冶金机械、船舶等。

知识点3 液压泵的选用和故障排除

3.1　液压泵的选用

1. 液压泵参数的选用

液压泵参数的选用包括工作压力的选用和输出流量的选用两个方面。

液压传动系统的工作压力是由执行元件的最大工作压力决定的，考虑到各种压力损失，泵的最大工作压力 p 等于执行元件的最大工作压力乘系统压力损失系数，然后参照有关产品样本或手册，选取额定压力稍大的液压泵。有时考虑到由液压传动系统冲击等现象引起的附加压力，还需增大压力储备量。

液压泵的输出流量取决于系统所需的最大流量及泄漏量，一般按式（2-3-1）确定，其中 $K_漏$ 为系统的泄漏系数。若为多液压缸同时动作，则公式中的 $q_{v缸}$ 应为同时动作的几个液压缸所需的最大流量之和。然后根据计算出的流量，查有关产品样本或手册，选取额定流量稍大的液压泵。

$$q_{v泵} = q_{v缸}K_漏 \qquad\qquad (2-3-1)$$

 **知识拓展**

1. 工作压力和额定压力

液压泵实际工作时的输出压力称为工作压力。工作压力的大小取决于外负载的大小和输油管路上的压力损失，与液压泵的额定压力无关。

液压泵在正常工作条件下，按试验标准规定连续运转的最高压力称为液压泵的额定压力。

2. 实际流量和额定流量

液压泵在某一具体工况下输出的流量称为实际流量。液压泵在正常工作条件下，按试验标准规定（如在额定压力和额定转速下）必须保证的流量称为额定流量。

2. 液压泵类型的选用

一般情况下，低压系统（$p \leqslant 2.5\text{MPa}$）应选用齿轮泵；中压系统（$p = 2.5 \sim 6.3\text{MPa}$）多选用叶片泵；当工作压力更高时，应选择柱塞泵。如果机床的负载较大，并有快速和慢速工作行程，则可选用限压式变量叶片泵或双联叶片泵；应用于机床辅助装置，如送料和夹紧等不重要的场合时，可选用价格低廉的齿轮泵；采用节流调速时，可选用定量泵；如果是大功率场合，则采用容积调速和容积节流调速时均要选用变量泵。

3.2 液压泵的常见故障和排除方法

齿轮泵常见故障与排除方法见表 2-3-1。

表 2-3-1 齿轮泵常见故障与排除方法

故障	原因分析	排除方法
噪声过大	①管和泵的安装架刚性不足或连接松动； ②液压油黏度过高； ③吸油管直径太小； ④滤油器被堵； ⑤泵内零件磨损、破裂	①加固或更换安装架和拧紧连接处； ②更换黏度适中的液压油； ③更换吸油管； ④清洗或更换滤油器； ⑤更换损坏零件

续表

故障	原因分析	排除方法
输出流量不足或不排油	①泵转向不正确或转速过低； ②油箱油位过低或截止阀未打开； ③泵内零件磨损严重产生内泄； ④油温高，黏度降低，内泄严重； ⑤滤油器被堵或管中有沉淀物	①改变电动机转向或提高转速； ②补充液压油或打开截止阀； ③按标准修复零件或更换零件； ④安装冷却器控制油温； ⑤清洗滤油器或油管
输出压力不足或压力建立不起来	①进油管漏气或滤油器堵塞； ②齿轮或补偿装置有损坏而产生泄漏； ③溢流阀的调定压力过低或溢流阀工作不正常	①更换进油管或清洗滤油器； ②更换损坏的零件； ③重新调定溢流阀的工作压力或排除溢流阀的故障
泵严重发热（泵温应低于65℃）	①液压油黏度过高； ②油箱小，散热不好； ③泵的径向间隙和轴向间隙过小； ④卸荷方法不当或带压溢流时间过长； ⑤油在管中流速过高，压力损失过大	①更换适当的液压油； ②加大油箱容积或增设冷却器； ③调整间隙或更调齿轮； ④改进卸荷方法或减少泵带压溢流时间； ⑤加粗油管，调整系统布局
外泄漏	①泵盖上的回油孔堵塞； ②泵盖与密封圈配合过松； ③密封圈失效或装配不当； ④零件密封面划伤严重	①清洗回油孔； ②调整配合间隙； ③更换密封圈或重新装配； ④修磨或更换零件

叶片泵常见故障与排除方法，见表2-3-2。

表2-3-2　叶片泵常见故障与排除方法

故障	原因分析	排除方法
噪声过大	①压力冲击过大，配油盘上的三角槽堵塞； ②定子内表面有划痕； ③叶片倒角太小； ④叶片高度尺寸误差较大； ⑤叶片侧面与顶面不垂直及配油盘端子跳动过大； ⑥联轴器的同心度较差	①清洗配油盘的三角槽； ②修整，抛光定子内表面或更换定子； ③将叶片倒角适当加大到$C1$； ④重新选配叶片，使同一组叶片的高度差不超过0.01mm； ⑤修整叶片侧面及配油盘端面或更换零件； ⑥调整同心度
排油量及压力不足	①叶片及转子装反； ②连接部位密封不严，空气进入泵内； ③配合零件的径向或轴向间隙过大； ④定子内表面与叶片接触不良； ⑤配油盘磨损较大； ⑥叶片与槽配合间隙过大； ⑦吸油有阻力； ⑧叶片移动不灵活	①纠正叶片与转子的方向； ②紧固连接处或更换密封圈； ③按标准调整间隙或更换零件； ④修磨定子内曲面或更换定子； ⑤修复或更换配油盘； ⑥单片进行选配达到配合要求； ⑦清洗滤油器及吸油管清除杂物； ⑧重新选配叶片或单槽配研

柱塞泵常见故障与排除方法，见表2-3-3。

表 2 - 3 - 3　柱塞泵常见故障与排除方法

故障	原因分析	排除方法
流量不足或 不排油	①变量机构失灵或斜盘实际倾角太小； ②回程盘损坏而使泵无法自吸； ③中心弹簧断裂使柱塞回程不够或不能回程，缸体与配流盘间失去密封	①修复调整变量机构或增大斜盘倾斜角度； ②更换回程盘； ③更换弹簧
输出压力不足	①缸体与配流盘之间，柱塞与缸孔之间严重磨损； ②外泄漏	①修磨接触面，重新调整间隙或更换配流盘、柱塞等； ②紧固各连接处，更换油封和密封垫等
变量机构失灵	①控制油路上小孔被堵塞； ②变量机构中的活塞或弹簧芯轴卡死	①净化液压油，用压力油冲洗或将泵拆开，冲洗控制油路的小孔； ②若机械卡死，应研磨修复；若液压油污染，应净化液压油
柱塞泵不转或 转动不灵活	①柱塞与缸体卡死或装配不当； ②柱塞球头折断或滑靴脱落	①拆卸清洗重新装配； ②更换柱塞和有关零件

　知识拓展

安装注意事项

　　齿轮泵不能承受轴向力。安装时传动轴与电动机轴的联轴器要有 1～2 mm 的间隙。泵的吸油管路不得漏气并设置滤油器。泵的安装位置要尽量靠近油箱。吸油高度不大于 500 mm。CB 型齿轮泵的吸、压油口直径不等，安装时应注意泵的转向与油口的相应关系，不能装反。

　　叶片泵防止承受轴向力，否则会导致配流盘早期磨损。叶片泵转速一般为 600～1 500 r/min。配流盘上的三角沟槽位置一定要装在长半径圆弧末端向压油区过渡的位置。装配时注意叶片倾斜角度与转子旋转方向的关系，不可装反。叶片在槽中是动配合，间隙为 0.01～0.02 mm。在装配叶片时应逐个单片选配。

　　轴向柱塞泵有两个泄油口，安装时将高处的泄油口接上通往油箱的油管，使其无压漏油，而将低处的泄油口堵死。

　　经拆洗重新安装的泵，在使用前要检查轴的回转方向与排油管的连接是否正确可靠，并从高处的泄油口往泵内注满工作油，用手盘转 3～4 周后再启动，以免把泵烧坏。

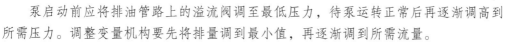

泵启动前应将排油管路上的溢流阀调至最低压力，待泵运转正常后再逐渐调高到所需压力。调整变量机构要先将排量调到最小值，再逐渐调到所需流量。

若系统中装有辅助液压泵，则先启动辅助液压泵，调整控制辅助泵的溢流阀，待其达到规定的供油压力时再启动主泵。若发现异常现象，则先停主泵，待主泵停稳后再停辅助泵。

当检修液压传动系统时，一般不要拆卸泵。当确认泵有问题必须拆开时，务必注意保持清洁，严防碰撞起毛、划伤和将细小杂物留在泵内。

装配花键轴时，不应用力过猛，多个缸孔配合用柱塞逐个试装，不能用力打入。

 实践活动

活动：液压泵的拆装。

实践目的	1. 进一步理解常用液压泵的结构组成及工作原理。 2. 掌握液压泵正确拆卸、装配及安装的连接方法。 3. 掌握常用液压泵维修的基本方法
实践要求	1. 拆装前认真预习，搞清楚相关液压泵的工作原理，对其结构组成有基本的认识。 2. 根据不同的液压泵，利用相应工具，严格按照其拆卸、装配步骤进行，严禁违反操作规程进行私自拆卸、装配。 3. 拆装过程中，弄清楚常用液压泵的结构组成、工作原理及主要零件、组件特殊结构的作用
准备材料	1. 液压泵：齿轮泵 2 台、叶片泵 2 台、轴向柱塞泵 1 台。 2. 工具：内六角扳手 2 套、固定扳手、螺丝刀、卡簧钳等。 3. 辅料：铜棒、棉纱、煤油等
结构原理图	压油 吸油

准备材料	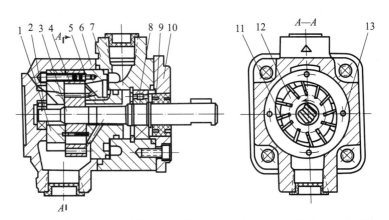 1、5—配流盘；2、8—滚珠轴承；3—传动轴；4—定子；6—后泵体；7—前泵体； 9—骨架式密封圈；10—盖板；11—叶片；12—转子；13—长螺钉 YB1型叶片泵
参考步骤	**一、齿轮泵拆装步骤** （一）齿轮泵拆解步骤 1. 旋开排出口上的螺塞，将油管及泵内的液压油放出。 2. 用内六角扳手将输出轴侧的端盖螺钉拧松（拧松之前在端盖与本体的结合处做上记号）并取出螺钉。 3. 用螺丝刀轻轻沿端盖与本体的结合面处将端盖撬松，因为密封主要是靠两个密封面的加工精度及泵体密封面上的卸油槽来实现的，故不要撬太深，以免划伤密封面。 4. 将盖板拆下，将主、从动齿轮取出，注意将主、从动齿轮与对应位置做好记号。 5. 将拆下的所有零部件用油或轻柴油进行清洗，并放于容器内妥善保管，以备检查和测量。 （二）齿轮泵安装步骤 1. 将啮合良好的主、从动齿轮两轴装入左侧（非输出轴侧）端盖的轴承中，装配时应按拆卸时所做记号对应装入，切不可装反。 2. 装右侧端盖，拧紧螺钉，拧紧时应边拧边转动主动轴，并对称拧紧，以保证端面间隙均匀一致。 3. 装配联轴器，将电动机装好，对好联轴器，调整同轴度，保证转动灵活。 4. 将泵与各油管连接。 **二、叶片泵拆装步骤** 1. 拆解叶片泵时，先用内六角扳手松开泵体上的螺栓，再取下螺栓，用铜棒轻轻敲打，使花键轴和前泵体及泵盖部分从轴承上脱下，把叶片分成两部分。 2. 观察后泵体内定子、转子、叶片、配流盘的安装位置，分析其结构、特点，理解叶片泵的工作过程。 3. 取下泵盖，取出花键轴，观察所用的密封元件，理解其特点、作用。 4. 在拆卸过程中，遇到零件卡住的情况时，不要乱敲硬砸，要请指导老师来解决。 5. 装配前，将各零件必须仔细清洗干净，不得有切屑、磨粒或其他污物。 6. 装配时，遵循先拆的零部件后安装，后拆的零部件先安装的原则，正确合理地安装，注意配流盘、定子、转子、叶片应保持正确的装配方向，安装完毕后应使泵转动灵活，没有卡死现象

实践活动工作页

姓名：_____　　　　学号：_____　　　　日期：_____

实践内容：

过程记录：

出现的问题及解决方法：

实践心得：

小组评价		教师评价	

单元小结

一、知识框架

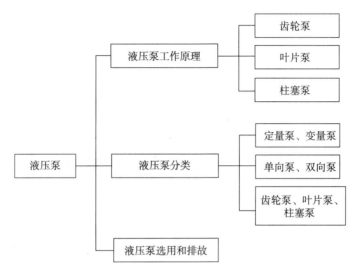

二、知识要点

1. 液压泵是液压传动系统的动力元件。

2. 液压泵要实现吸油和压油的过程，就必须具备以下条件：

①具备密封容积。

②密封容积的大小可以交替变化。

③具有配油机构。

④吸油时，油箱要与大气相通，保证吸油畅通。

3. 液压泵的类型：

根据流量是否可调节，分为定量泵和变量泵；

根据输油方向是否可变，分为单向泵和双向泵；

根据结构不同，分为齿轮泵、叶片泵、柱塞泵等；

根据液压泵额定压力的高低，分为高压泵、中压泵和低压泵。

4. 齿轮泵：齿轮泵可以分为外啮合齿轮泵和内啮合齿轮泵两种，其中外啮合齿轮泵应用更广。齿轮泵的工作压力较低，主要适用于低于2.5MPa的低压系统。

5. 叶片泵：叶片泵按其输出流量是否可变，分为定量叶片泵和变量叶片泵；按每转吸、压液压油的次数，分为单作用式叶片泵和双作用式叶片泵。

6. 柱塞泵：按照柱塞的排列方向不同分为径向柱塞泵和轴向柱塞泵两类。柱塞泵一般用于高压、大流量及流量需要调节的液压传动系统，如龙门床、拉床、液压机、工程机械、矿山冶金机械、船舶等。

7. 液压泵参数的选用主要考虑两个方面：工作压力和输出流量。

综合练习

一、填空题

1. 单作用式叶片泵转子每转一周，完成吸、压油各_____次。

2. 根据结构不同，常用的液压泵有_____、_____和_____三大类。

3. 柱塞泵一般分为_____和_____柱塞泵。

二、选择题

1. 液压泵是将（　　）。
    A. 液压能转换成机械能　　　　B. 电能转换成液压能
    C. 机械能转换成液压能　　　　D. 电能转换成机械能

2. 额定压力为 6.3MPa 的液压泵，其出口接油箱，则液压泵的工作压力为（　　）。
    A. 6.3MPa　　　B. 0　　　　　C. 6.2MPa　　　　D. 6.4MPa

3. 液压泵的理论流量（　　）实际流量。
    A. 大于　　　　B. 小于　　　　C. 等于　　　　D. 不小于

三、简答题

1. 液压泵完成吸油和压油必须具备哪些条件？（容积式液压泵的基本特点）

2. 如图 2 - t - 1 所示，试说明其工作原理。

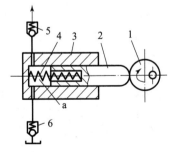

1—偏心轮；2—柱塞；3—缸体；4—弹簧；5、6—单向阀；a—密封工作容积。

图 2 - t - 1　容积式液压泵的工作原理

单元三

液压执行元件

情境导入

　　挖掘机（图3-1）作为一种常见的工程机械，其挖掘作业（直线驱动）和上部分转动（旋转驱动）都采用液压驱动。不论是简单还是复杂的液压传动系统，都离不开液压执行元件。液压执行元件根据工作原理的不同，分成液压缸和液压马达两类。前者是将液压能转换成直线运动（或摆动）形式的机械能，后者是把液压能转换成旋转运动形式的机械能。小小执行元件，是如何产生那么大的作用力呢？本单元知识，将带领大家开启探秘之旅，揭开液压缸和液压马达的神秘面纱。

图3-1　挖掘机

学习要求

　　通过对本单元的学习，了解液压执行元件的类型、特点；掌握液压缸和液压马达的工作原理、结构特点和应用。学习时，注重理论联系实际，通过图文对照，加强对相关知识的理解和应用。

知识点 1 液压缸、液压马达的工作原理

1.1　概述

　　在液压传动系统中，液压执行元件是将液压泵提供的液压能转换为机械能的能量转换装置，它包括液压缸和液压马达。两者的区别是：液压马达是指输出连续旋转运动的液压执行元件，而把输出直线运动包括输出摆动运动的液压执行元件称为液压缸。

1.1.1 液压缸、液压马达的工作原理

1. 液压缸的工作原理

液压缸是依靠密封容积的变化进行工作的，其输入的是液压能，输出的是机械能。如图 3−1−1 所示，在双作用单活塞杆液压缸中，工作液压油既可流入无杆腔，也可流入有杆腔。因此，双作用单活塞杆液压缸可以双向移动做功。由于有杆腔与无杆腔的面积不同，在相同输入流量和压力的情况下，活塞杆在伸出和回缩过程中的输出力和运动速度是不同的，因此液压能转换为机械能的效率也不同。

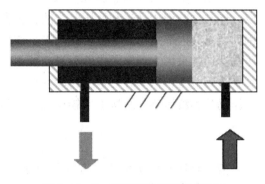

图 3−1−1 双作用单活塞杆液压缸

2. 液压缸的典型结构和组成

图 3−1−2 所示为一个常用的双作用单活塞杆液压缸结构。它是由缸底 20、缸筒 10、缸盖兼导向套 9、活塞 11 和活塞杆 18 组成的。缸筒一端与缸底焊接，另一端缸盖（导向套）与缸筒用卡键 6、轴套 5 和弹簧挡圈 4 固定，以便拆装检修，两端设有油口 *A* 和 *B*，活塞 11 与活塞杆 18 利用卡键 15、卡键帽 16 和弹簧挡圈 17 连在一起。活塞与缸孔的密封采用的是一对 Y 形密封圈 12，由于活塞与缸孔有一定间隙，采用由尼龙制成的耐磨环（又叫支承环）13 定心导向。活塞杆 18 和活塞 11 的内孔由 O 形密封圈 14 密封。较长的缸盖兼导向套 9 则可保证活塞杆不偏离中心，导向套外径由 O 形密封圈 7 密封，而其内孔则由 Y 形密封圈 21 和防尘圈 3 分别防止油外漏和灰尘进入缸内。耳环与其他物件连接时，销孔内的尼龙衬套 19 有抗磨作用。

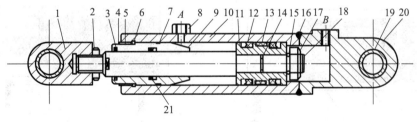

1—耳环；2，8—螺母；3—防尘圈；4，17—弹簧挡圈；5—轴套；6，15—卡键；7，14—O 形密封圈；8，9—缸盖兼导向套；10—缸筒；11—活塞；12，21—Y 形密封圈；13—耐磨环；16—卡键帽；18—活塞杆；19—衬套；20—缸底。

图 3−1−2 双作用单活塞杆液压缸结构

3. 液压马达的工作原理

从原理上分析，液压泵与液压马达是相同的，只是具体结构上有所区别。它们都有两种工况：泵工况和马达工况。这一点与电动机和发电机的关系有点像。向任何一种液压泵输入工作液体，都可使其变成液压马达工况；反之，当液压马达的主轴由外力矩驱动旋转时，也

可变为液压泵工况,因为它们具有同样的基本结构要素——密闭而又可以周期变化的容积和相应的配油机构。

但是,由于液压马达和液压泵的工作条件不同,对它们的结构性能要求也不一样,所以,同类型的液压马达和液压泵之间,仍存在较大差别。首先,液压马达应能够正、反转,因而要求其内部结构对称,转速范围足够大,特别是对它的最低稳定转速有一定的要求。液压马达通常采用滚动轴承或静压滑动轴承来承载;由于在输入液压油条件下工作,所以不必具备自吸能力,但要有一定的初始密封性,才能提供必要的启动转矩。由于存在这些差别,液压马达和液压泵在结构上比较相似,但不能可逆工作。

1.1.2 液压缸的类型与特点

液压缸按其结构形式,可以分为活塞缸、柱塞缸、摆动缸和组合缸 4 类。活塞缸和柱塞缸实现往复运动,输出推力和速度;摆动缸则能实现小于 360° 的往复摆动,输出转矩和角速度。液压缸除单个使用外,还可以几个组合起来或和其他机构组合起来,以完成特殊的功用。液压缸按液体压力的作用方式又可分为单作用液压缸和双作用液压缸。单作用液压缸有一个密封的容积空间,液压油只能供入液压缸的这一个腔,使缸(或活塞)实现单方向运动,反向复位运动则依靠外力来实现;双作用液压缸具有两个密封的容积空间,液压油可交替供入液压缸的两腔,使缸(或活塞)实现正、反两个方向的运动。

(1)活塞缸

活塞缸分为单杆式和双杆式两种。

1)单杆式活塞缸的缸体上只有一个油口(进出油兼用)。工作进给时靠液压油的作用使活塞(或缸)移动,退回时,靠弹簧力或其他外力的作用,如图 3-1-3 所示。

2)双杆式活塞缸的活塞两端都有一根直径相等的活塞杆伸出,如图 3-1-4 所示。

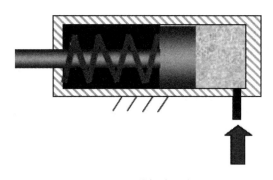

图 3-1-3 单杆式活塞缸

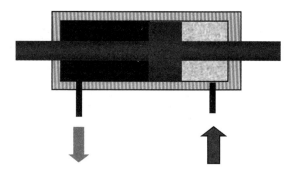

图 3-1-4 双杆式活塞缸

由于双杆式活塞缸两端的活塞杆直径通常是相等的,因此,它左、右两腔的有效面积也相等。当分别向左、右腔输入相同压力和相同流量的液压油时,它左、右两个运动方向的推力和速度相等。

（2）柱塞缸

柱塞缸是一种单作用液压缸，其工作原理如图 3 – 1 – 5（a）所示。柱塞与工作部件连接，缸筒固定在机体上。当液压油进入缸筒时，推动活塞带动运动部件向右移动，但反向退回时，必须靠其他外力或自重驱动。在实际运用中，柱塞缸通常要成对反向布置，如图 3 – 1 – 5（b）所示。

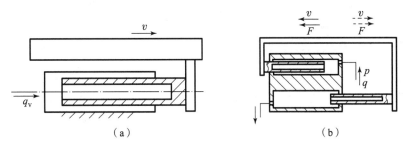

（a）　　　　　　　　　　　　（b）

图 3 – 1 – 5　柱塞缸

柱塞缸的柱塞与缸筒无配合要求，缸筒内孔不需要精加工，甚至可以不加工。运动时，由缸盖上的导向套来导向，所以它特别适用于行程长的场合。

知识点 2　液压缸的典型结构

液压缸的结构由缸筒和缸盖、活塞和活塞杆、密封装置、缓冲装置和放气装置 5 个部分组成。

1. 缸筒和缸盖

缸筒和缸盖的结构形式与其使用的材料有关。工作压力 $p < 10\mathrm{MPa}$ 时，使用铸铁；$10\mathrm{MPa} < p < 20\mathrm{MPa}$ 时，使用无缝钢管；$p > 20\mathrm{MPa}$ 时，使用铸钢或锻钢。图 3 – 2 – 1 所示为缸筒和缸盖的常见结构形式。图 3 – 2 – 1（a）所示为法兰连接式，其结构简单，容易加工，也容易装拆，但外形尺寸和质量都较大，常用于铸铁制的缸筒上。图 3 – 2 – 1（b）所示为半环连接式，它的缸筒外壁因开了环形槽而削弱了强度，为此有时要加厚缸壁。这种类型的结构，容易加工和装拆，质量较轻，常用于无缝钢管或锻钢制的缸筒上。图 3 – 2 – 1（c）所示为螺纹连接式，它的缸筒端部结构复杂，外径加工时要求保证内、外径同心，装拆要使用专用工具，它的外形尺寸和质量都较小，常用于无缝钢管或铸钢制的缸筒上。图 3 – 2 – 1（d）所示为拉杆连接式，结构的通用性大，容易加工和装拆，但外形尺寸较大，且较重。图 3 – 2 – 1（e）所示为焊接连接式，结构简单、尺寸小，但缸底处内径不易加工，且可能引起变形。

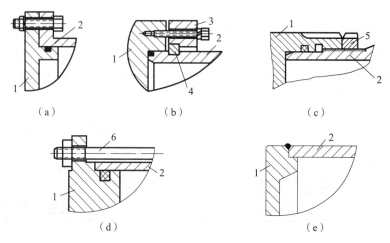

1—缸盖；2—缸筒；3—压板；4—半圆环；5—防松螺母；6—拉杆。

图3-2-1　缸筒和缸盖的结构

（a）法兰连接式；（b）半环连接式；（c）螺纹连接式；（d）拉杆连接式；（e）焊接连接式

2. 活塞和活塞杆

短行程液压缸的活塞杆与活塞做成一体，这是最简单的形式。但当行程较长时，这种整体式活塞组件的加工较费事，所以常把活塞与活塞杆分开制造，然后再连接成一体。图3-2-2所示为几种常见的活塞与活塞杆的连接形式。

图3-2-2（a）所示为活塞与活塞杆之间采用螺母连接，它适用于负载较小、无受力冲击的液压缸中。螺纹连接虽然结构简单，安装方便可靠，但在活塞杆上车螺纹将削弱其强度。图3-2-2（b）、（c）所示为卡环式连接方式。图3-2-2（b）中活塞杆8上开有一个环形槽，槽内装有半圆环4以夹紧活塞7，半圆环4由轴套5套住，而轴套5的轴向位置用弹簧卡圈6来固定。图3-2-2（c）中的活塞杆使用了两个半圆环12，它们分别由两个密封圈座10套住，半圆形的活塞9安放在密封圈座的中间。图3-2-2（d）所示是一种径

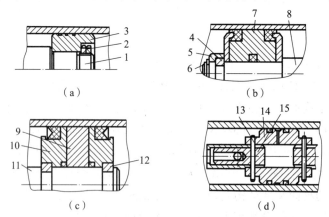

1，8，11，15—活塞杆；2—螺母；3，7，9，14—活塞；4，12—半圆环；

5—轴套；6—弹簧卡圈；10—密封圈座；13—锥销。

图3-2-2　常见的活塞组件结构形式

（a）螺母连接；（b），（c）卡环式连接；（d）径向销式连接

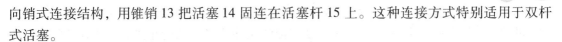

向销式连接结构，用锥销 13 把活塞 14 固连在活塞杆 15 上。这种连接方式特别适用于双杆式活塞。

3. 密封装置

图 3-2-3（a）所示为间隙密封，它依靠运动副间的微小间隙来防止泄漏。为了提高这种装置的密封能力，常在活塞的表面上制出几条细小的环形槽，以增大油液通过间隙时的阻力。它的结构简单、摩擦阻力小、可耐高温，但泄漏大、加工要求高，磨损后无法恢复原有性能，只能在尺寸较小、压力较低、相对运动速度较高的缸筒和活塞间使用。

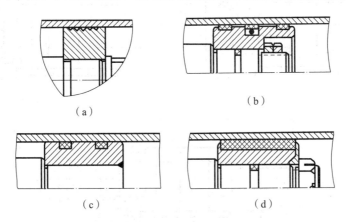

（a）　　　　　　　　　（b）

（c）　　　　　　　　　（d）

图 3-2-3　密封装置

（a）间隙密封；（b）摩擦环密封；（c）O 形密封圈密封；（d）V 形密封圈密封

图 3-2-3（b）所示为摩擦环密封，它依靠套在活塞上的摩擦环（尼龙或其他高分子材料制成）在 O 形密封圈弹力作用下贴紧缸壁而防止泄漏。这种材料密封效果较好，摩擦阻力较小且稳定，可耐高温，磨损后有自动补偿能力，但加工要求高，装拆较不便，适用于缸筒和活塞之间的密封。

图 3-2-3（c）、（d）所示为密封圈（O 形、V 形等）密封，它利用橡胶或塑料的弹性使各种截面的密封圈贴紧在静、动配合面之间来防止泄漏。它结构简单，制造方便，磨损后有自动补偿能力，性能可靠，在缸筒和活塞之间、缸盖和活塞杆之间、活塞和活塞杆之间、缸筒和缸盖之间都能使用。由于活塞杆外伸部分很容易把脏物带入液压缸，使液压油受污染、密封件磨损，因此常需在活塞杆密封处增添防尘圈，并放在向着活塞杆外伸的一端。

4. 缓冲装置

对大型、高速或要求高的液压缸，为了防止活塞在行程终点时和缸盖相互撞击，引起噪声、冲击，严重影响加工精度，甚至引起破坏性事故，必须设置缓冲装置。缓冲装置的工作原理是利用活塞或缸筒在其运动至行程终端时封住活塞和缸盖之间的部分液压油，强迫它从小孔或细缝中挤出，以产生很大的阻力，使工作部件受到制动，逐渐减慢运动速度，达到避免活塞和缸盖相互撞击的目的。

图 3-2-4（a）所示为圆柱环状缝隙缓冲装置，当缓冲柱塞进入与其相配的缸盖上的内孔时，孔中的液压油只能通过间隙 δ 从缸盖下端的孔中排出，起缓冲作用。图 3-2-4（b）所示为可调节流孔式缓冲装置。当缓冲柱塞进入配合孔之后，油腔中的油只能经节流

阀排出，由于节流阀是可调的，因此缓冲作用也可调节，但仍不能解决速度降低后缓冲作用减弱的缺点。图3-2-4（c）所示为可变节流沟缓冲装置，在缓冲柱塞上开有三角槽，随着柱塞逐渐进入配合孔中，其节流面积越来越小，解决了在行程最后阶段缓冲作用过弱的问题。

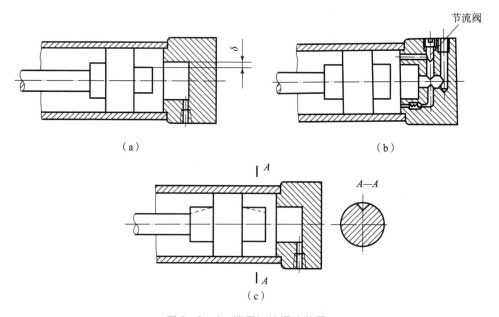

图3-2-4　液压缸的缓冲装置

（a）圆柱环状缝隙缓冲装置；（b）可调节流孔式缓冲装置；（c）可变节流沟缓冲装置

5. 排气装置

在液压缸安装过程中或长时间停放后又重新工作时，液压缸和管路系统中会渗入空气，为了防止执行元件出现爬行、噪声和发热等不正常现象，需把液压缸和系统中的空气排出。一般可在液压缸的最高处设置进、出油口把空气带走，也可以在液压缸最高处设置图3-2-5（a）所示的放气孔、图3-2-5（b）所示的专门排气塞，或图3-2-5（c）所示的放气阀。

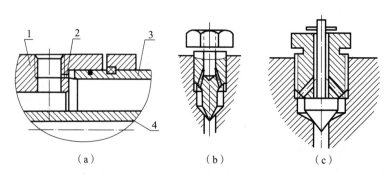

1—缸盖；2—放气小孔；3—缸体；4—活塞杆

图3-2-5　排气装置

知识点 3 液压马达

液压马达和液压泵在结构上是基本相同的，从原理上讲，液压马达可以当作液压泵用，液压泵也可以当作液压马达用。但事实上，由于两者的使用目的不同，它们在结构上有一些差异。

液压马达一般包括齿轮马达、叶片马达和柱塞马达。

3.1 齿轮马达

如图 3-3-1 所示，齿轮马达在结构上为适应正反转要求，必须具有对称性，进出油口相等，有单独外泄油口将轴承部分的泄漏油引出壳体外；用滚动轴承减少启动摩擦力矩；为了减少转矩脉动，齿轮马达的齿数比齿轮泵的齿数要多。齿轮马达由于密封性差、容积效率较低、输入油压力不能过高而不能产生较大转矩，并且瞬间转速和转矩随着啮合点的位置变化而变化，因此齿轮马达仅适用于高速小转矩的场合，一般用于工程机械、农业机械以及对转矩均匀性要求不高的机械设备上。

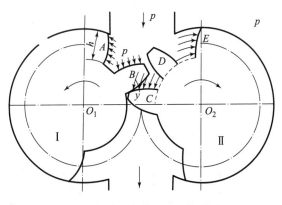

图 3-3-1 齿轮马达工作原理

3.2 叶片马达

如图 3-3-2 所示，由于叶片受到液压油作用，因此受力不平衡会使转子产生转矩。叶片马达的输出转矩与其排量和进、出油口之间的压力差有关，其转速由输入的流量大小来决定。由于一般要求叶片马达能正、反转，所以叶片马达的叶片要径向放置。为了使叶片根部始终通有液压油，在进油腔和回油腔的通路上应设置单向阀；为了确保叶片马达在液压油通入后能正常启动，必须使叶片顶部和定子内表面紧密接触，以保证良好的密封，因此在叶片根部应设置预紧弹簧。叶片马达体积小、转动惯量小、动作灵敏，可适用于换向频率较高的场合，但泄漏量较大，低速工作时不稳定。因此，叶片马达一般用于转速高、转矩小和动作要求灵敏的场合。

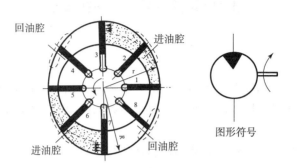

图 3 - 3 - 2　叶片马达工作原理

3.3　柱塞马达

根据工作原理不同，柱塞马达分成两大类，轴向柱塞马达和径向柱塞马达。轴向柱塞马达的工作原理如图 3 - 3 - 3 所示，配油盘 4 和斜盘 1 固定不动，马达轴 5 与缸体 2 连接在一起旋转。当液压油经配油盘 4 的窗口进入缸体 2 的柱塞孔时，柱塞 3 在液压油的作用下外伸，紧贴斜盘 1，对柱塞 3 产生一个法向反力 F，此力可分解为轴向分力 F_x 和垂直分力 F_y。F_x 与柱塞上的液压力相平衡，而 F_y 使柱塞对缸体产生一个转矩，带动马达轴逆时针方向旋转。轴向柱塞马达产生的瞬时总转矩是脉动的。若改变马达液压油的输入方向，则马达轴 5 按顺时针方向旋转。而斜盘倾角 α 的改变，即排量的变化，不仅影响马达的转矩，而且影响它的转速和转向。斜盘倾角越大，产生的转矩越大，转速越低。

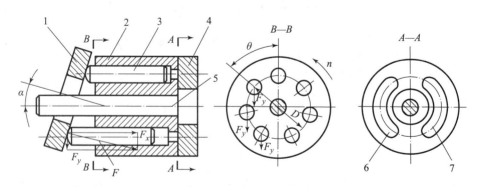

1—斜盘；2—缸体；3—柱塞；4—配油盘；5—马达轴；6—进油口；7—回油口

图 3 - 3 - 3　轴向柱塞马达工作原理

知识点 4 液压缸常见故障及排除方法

液压缸常见故障及处理，见表 3 - 4 - 1。

表 3 - 4 - 1 液压缸常见故障及处理

故障现象		原因分析	消除方法
（一）活塞杆不能动作	1. 压力不足	（1）液压油未进入液压缸。 a. 换向阀未换向。 b. 系统未供油。 （2）虽然有油，但没有压力。 a. 系统有故障，主要是泵或溢流阀有故障。 b. 内部泄漏严重，活塞与活塞杆脱落，密封件损坏严重。 （3）压力达不到规定值。 a. 密封件老化、失效，密封圈唇口装反或有破损。 b. 活塞环损坏。 c. 系统调定压力过低。 d. 压力调节阀有故障。 e. 通过调速阀的流量过小，液压缸内泄漏量增大时，流量不足，造成压力不足	（1） a. 检查换向阀未换向的原因并排除。 b. 检查液压泵和主要液压阀的故障原因并排除。 （2） a. 检查泵或溢流阀的故障原因并排除。 b. 紧固活塞与活塞杆并更换密封件。 （3） a. 更换密封件，并正确安装。 b. 更换活塞环。 c. 重新调整压力到要求值。 d. 检查原因并排除。 e. 调速阀的通过流量必须大于液压缸内泄漏量
	2. 压力已达到要求但仍不动作	（1）液压缸结构上的问题。 a. 活塞端面与缸筒端面紧贴在一起，工作面积不足，故不能启动。 b. 具有缓冲装置的缸筒上单向阀回路被活塞堵住。 （2）活塞杆移动不顺畅。 a. 缸筒与活塞，导向套与活塞杆配合间隙过小。 b. 活塞杆与夹布胶木导向套之间的配合间隙过小。 c. 液压缸装配不良（如活塞杆、活塞与缸盖之间同轴度差，液压缸与工作台平行度差）。 （3）液压回路引起的原因，主要是液压缸背压腔液压油未与油箱相通，回油路上的调速阀节流口调节过小或连通回油的换向阀未动作	（1） a. 端面上要加一条通油槽，使液压油迅速流进活塞的工作端面。 b. 缸筒的进出油口位置应与活塞端面错开。 （2） a. 检查配合间隙，并配研到规定值。 b. 检查配合间隙，修刮导向套孔，达到要求的配合间隙。 c. 重新装配和安装，不合格零件应被更换掉。 （3）检查原因并排除

故障现象	原因分析		消除方法
（二）速度达不到规定值	1. 内泄漏严重	（1）密封件破损严重。 （2）油的黏度太低。 （3）油温过高	（1）更换密封件。 （2）更换适宜黏度的液压油。 （3）检查原因并排除
	2. 外载荷过大	（1）设计错误，选用压力过低。 （2）工艺和使用错误，造成外载比预定值大	（1）核算后更换元件，调大工作压力。 （2）按设备规定值使用
	3. 活塞移动时不顺畅	（1）加工精度差，缸筒孔锥度和圆度超差。 （2）装配质量差。 a. 活塞、活塞杆与缸盖之间同轴度差。 b. 液压缸与工作台平行度差。 c. 活塞杆与导向套配合间隙过小	（1）检查零件尺寸，更换无法修复的零件。 （2） a. 按要求重新装配。 b. 按要求重新装配。 c. 检查配合间隙，修刮导向套孔，达到要求的配合间隙
	4. 脏物进入滑动部位	（1）液压油过脏。 （2）防尘圈破损。 （3）装配时未清洗干净或带入脏物	（1）过滤或更换液压油。 （2）更换防尘圈。 （3）拆开清洗，装配时要注意清洁
	5. 活塞移动至端部行程时速度急剧下降	（1）缓冲调节阀的节流口调节过小，在进入缓冲行程时，活塞可能停止或速度急剧下降。 （2）固定缓冲装置中节流孔直径过小。 （3）缸盖上固定缓冲节流环与缓冲柱塞之间间隙过小	（1）缓冲节流阀的开口度要调节适宜，并能起到缓冲作用。 （2）适当加大节流孔直径。 （3）适当加大间隙
	6. 活塞移动到中途发现活塞变慢或停止	（1）缸筒内径加工精度差，表面粗糙，使内泄漏增大。 （2）缸内壁孔径增大，当活塞通过增大部位时，内泄漏量增大	（1）修复或更换缸筒。 （2）更换缸筒
（三）液压缸产生爬行	1. 液压缸活塞杆运动不顺畅	参见本表（二）3	参见本表（二）3
	2. 缸内进入空气	（1）新液压缸、修理后的液压缸或设备停机时间较长的液压缸内部有空气或液压缸管路中空气未排净。 （2）缸内部形成负压，从外部吸入空气。 （3）从缸到换向阀之间管路的容积比液压缸内容积大得多，液压缸工作时，这段管路上液压油未排净，所以空气也很难排净。 （4）泵吸入空气（参见液压泵故障）。 （5）液压油中混入空气（参见液压泵故障）	（1）空载大行程往复运动，直到把空气排完。 （2）先用油脂封住结合面和接头处，若吸空情况有好转，则把紧固螺钉和接头拧紧。 （3）可在靠近液压缸的管路中取高处加排气阀。拧开排气阀，活塞在全行程情况下运行多次，把气排完后关闭排气阀。 （4）参见液压泵故障消除对策。 （5）参见液压泵故障消除对策

续表

故障现象		原因分析	消除方法
（四）缓冲装置故障	缓冲作用过度	（1）缓冲调节阀的节流口过小。 （2）缓冲柱塞不顺畅（柱塞头与缓冲环间隙小，活塞倾斜或偏心）。 （3）柱塞头与缓冲环之间有脏物。 （4）固定式缓冲装置柱塞头与衬套之间间隙太小	（1）将节流口调到合适位置并紧固。 （2）拆开清洗，适当加大间隙，不合格的零件应被更换掉。 （3）修去毛刺和清洗干净。 （4）适当加大间隙
（五）有外泄漏	1. 装配不良	（1）液压缸装配时端盖装偏，活塞杆与缸筒不同心，使活塞杆伸出困难，加速密封件磨损。 （2）液压缸与工作台导轨面平行度差，活塞伸出困难，加速密封件磨损。 （3）密封件安装出错，如密封件划伤、切断、密封唇装反，唇口破损或轴倒角尺寸不对，密封件装错或漏装。 （4）密封压盖未装好。 a. 压盖安装有偏差。 b. 紧固螺钉受力不均。 c. 紧固螺钉过长，压盖不能压紧	（1）拆开检查，重新装配。 （2）拆开检查，重新装配，并更换密封件。 （3）更换并重新安装密封件。 （4） a. 重新安装。 b. 重新安装，拧紧螺钉，使其受力均匀。 c. 按螺孔深度合理选配螺钉
	2. 密封件质量问题	（1）保管期太长，密封件自然老化失效。 （2）保管不良，变形或损坏。 （3）胶料性能差，不耐油或胶料与液压油相容性差。 （4）产品质量差，尺寸不对，公差不符合要求	更换密封件
	3. 活塞杆和沟槽加工质量差	（1）活塞杆表面粗糙，活塞杆头部倒角不符合要求或未倒角。 （2）沟槽尺寸及精度不符合要求。 a. 设计图纸有错误。 b. 沟槽尺寸加工不符合标准。 c. 沟槽精度差，毛刺多	（1）表面粗糙度 Ra 应为 $0.2\mu m$，并按要求倒角。 （2） a. 按有关标准设计沟槽。 b. 检查尺寸，并修整到要求尺寸。 c. 修正并去毛刺
	4. 油黏度过低	（1）用错了油品。 （2）液压油中渗有其他牌号的油液	更换适宜的液压油
	5. 油温过高	（1）液压缸进油口阻力过大。 （2）周围环境温度太高。 （3）泵或冷却器有故障	（1）检查进油口是否通畅。 （2）采取隔热措施。 （3）检查原因并排除
	6. 高频振动	（1）紧固螺钉松动。 （2）管接头松动。 （3）安装位置产生移动	（1）应定期紧固螺钉。 （2）应定期紧固管接头。 （3）应定期紧固安装螺钉

续表

故障现象	原因分析		消除方法
（五）有外泄漏	7. 活塞杆拉伤	（1）防尘圈老化、失效，浸入砂粒、切屑等脏物。 （2）导向套与活塞杆之间的配合太紧，使活塞表面过热，造成活塞杆表面铬层脱落而被拉伤	（1）清洗更换防尘圈，修复活塞杆表面拉伤处。 （2）检查清洗，用刮刀修刮导向套内径，达到配合间隙

实践活动

活动：单杆式液压缸的拆装

实践目的	1. 进一步了解单杆式液压缸的结构组成及工作原理。 2. 掌握正确拆卸、装配方法。 3. 掌握单杆式液压缸维修的基本方法
实践要求	1. 拆装前认真预习，搞清楚液压缸的工作原理，对其结构组成有基本的认识。 2. 严格按照其拆卸、装配步骤进行，严禁违反操作规程进行私自拆卸、装配。 3. 拆装过程中，弄清楚液压缸的结构组成、工作原理及主要零件、组件特殊结构的作用
准备材料	1. 单杆式液压缸。 2. 工具：导链、一字螺丝刀、扳手。 3. 辅料：接油盆、铜棒、垫木、棉纱、煤油等
拆装步骤	**一、拆解步骤** 1. 拆卸液压油缸之前，应使液压回路卸压，否则，当把与油缸相连接的油管接头拧松时，回路中的高压油就会迅速喷出。液压回路卸压时应先拧松溢流阀等处的手轮或调压螺钉，使压力油卸荷，然后切断电源或切断动力源，使液压装置停止运转。 2. 拆卸时应防止损伤活塞杆顶端螺纹、油口螺纹和活塞杆表面、缸套内壁等。为了防止活塞杆等细长件弯曲或变形，放置时应用垫木支撑均衡。 3. 拆卸时要按顺序进行。先放掉油缸两腔的液压油，然后拆卸缸盖，最后拆卸活塞与活塞杆。在拆卸液压缸的缸盖时，对于内卡键式连接的卡键或卡环要使用专用工具，禁止使用扁铲；对于法兰式端盖必须用螺钉顶出，不允许锤击或硬撬。在活塞和活塞杆难以抽出时，不可强行打出，应先查明原因再进行拆卸。 4. 拆卸前后要设法创造条件防止液压缸的零件被周围的灰尘和杂质污染。例如，拆卸时应尽量在干净的环境下进行；拆卸后所有零件要用塑料布盖好，不要用棉布或其他工作用布覆盖。 5. 油缸拆卸后要认真检查，以确定哪些零件可以继续使用，哪些零件可以修理后再用，哪些零件必须更换。 **二、安装步骤** 1. 装配前必须对各零件仔细清洗。 2. 所有零件在装配前都要清洗干净，晾干后再装配。对于要上紧固胶的零部件，应该用专用清洗剂。根据紧固胶的初步固化时间，将零件紧固到技术要求的力矩。 3. 密封件的安装。拆卸后的 O 形密封圈和防尘圈都要被更新。注意各种密封圈的安装方向，如阶梯形密封圈的阶梯方向应朝向液压油腔、Y 形密封圈的唇边应朝向液压油腔等。O 形密封圈安装时不要拉力太大而使其永久变形，也不要使其扭曲而漏油。密封件与活动表面配合装配要涂抹液压油。调整压环时，应以不漏油为原则，不能压得太紧，使其密封阻力过大。对于特殊的密封圈，要采用专用工具，不可盲目安装。

拆装步骤	4. 所有滑动的零部件安装前都要涂抹液压油。 5. 注意油缸各零件的装配顺序：装配活塞和活塞杆；安装密封件；将活塞与活塞杆装配到缸筒内；安装缸盖固定键；安装衬套；安装缸盖；安装挡圈。 6. 液压缸维修装配完成后，必须做泄漏试验，然后才能投入使用。首先将液压缸低速往返运动几次，利用排气阀排净缸内空气，观察液压缸运行是否有阻滞感和阻力大小不均等现象。缓慢升高压力，观察有无泄漏

实践活动工作页

姓名：_____   学号：_____   日期：_____

实践内容：

过程记录：	出现的问题及解决方法：
	实践心得：
小组评价	教师评价

单元小结

一、知识框架

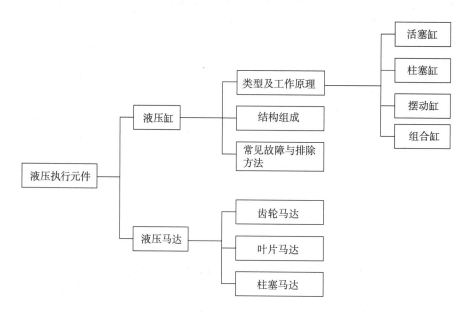

二、知识要点

1. 液压缸和液压马达都是液压传动系统的执行元件。前者是将液压能转换成直线运动（或摆动）形式的机械能，后者是把液压能转换成旋转运动形式的机械能。

2. 液压缸是依靠密封容积的变化进行工作的，输入液压能，输出机械能。

3. 液压缸按其结构形式，可以分为活塞缸、柱塞缸、摆动缸和组合缸 4 类。其中，活塞缸分为单杆式和双杆式两种。

4. 液压缸的结构由缸筒和缸盖、活塞和活塞杆、密封装置、缓冲装置和排气装置 5 个部分组成。

5. 液压马达和液压泵在结构上是基本相同的，它将液压能转换成机械能。

6. 液压马达根据结构形式不同，分为齿轮马达、叶片马达和柱塞马达。

7. 齿轮马达适用于高速小转矩的场合，一般用于工程机械、农业机械以及对转矩均匀性要求不高的机械设备上。

8. 叶片马达体积小、转动惯量小、动作灵敏，适用于换向频率较高的场合，但泄漏量较大，低速工作时不稳定。因此叶片马达一般用于转速高、转矩小和动作要求灵敏的场合。

9. 柱塞马达可分为两大类：轴向柱塞马达和径向柱塞马达。

综合练习

一、填空题

1. 液压马达是将液体的_____能转换成_____能的能量转换装置。
2. 在工作行程较长的情况下，使用_____液压缸最合适。
3. 对于单杆双作用活塞式液压缸而言，需要_____布置。
4. 柱塞泵根据结构不同，分成_____和_____两类。

二、判断题

1. 液压缸活塞克服负载的推力与流量大小有关。　　　　　　　　　（　　　）
2. 液压传动中，作用在液压缸活塞上的推力越大，活塞的运动速度就越大。　（　　　）
3. 液压缸是将液压能转换为机械能的能量转换装置。　　　　　　　（　　　）
4. 液压系统中进入油缸的液压油压力越大，运动速度越高。　　　　（　　　）

三、选择题

1. 液压系统中的执行元件有（　　　）。
   A. 液压缸　　　　　　　　B. 方向控制阀　　　　　　　C. 液压泵
2. 活塞的有效面积一定时，活塞的运动速度取决于（　　　）。
   A. 液压缸中油压的压力
   B. 液压泵的输出流量
   C. 进入液压缸的流量

单元四
液压辅助装置

情境导入

在建筑工地上经常可以看到自卸式卡车（图4-1），农业生产中经常用到自卸式农用三轮车、农用轻卡等。很多大型的运输车辆也常常采用自卸式结构以实现货物的自行卸放，其操作方便、省时省力。在自卸式车辆进行自卸时，安装在车斗下方偏前位置的两个液压缸动作，活塞杆伸出，支撑车斗前部向上倾斜，使车斗中的货物在重力作用下自行滑向车尾，推开活动的车尾挡板，流泻出去，达到自行卸货的目的。那么在液压系统中，除了执行元件液压缸外还有哪些装置呢？这些装置的功能是什么？应该如何选用呢？

本单元将对液压传动系统中辅助装置的结构与作用进行介绍。

图4-1　自卸式卡车

 学习要求

通过对本单元的学习，掌握液压传动系统中辅助装置的作用和结构；熟悉液压传动系统中辅助装置的设计和选用。

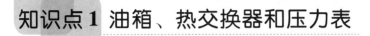

知识点1 油箱、热交换器和压力表

1.1　油箱

在液压传动系统中，油箱的功用主要是储存液压油；此外还起着散发液压油中的热量（在周围环境温度较低的情况下则是保持液压油中的热量）、释出混在液压油中的气体及沉淀在液压油中的污物等作用。

1.1.1　油箱的结构

液压传动系统中的油箱有整体式和分离式两种。整体式油箱利用主机的内腔作为油箱，这种油箱结构紧凑，各处漏油易于回收，但增加了设计和制造的复杂性，维修不便，散热条件不好，且会使主机产生热变形。分离式油箱单独设置，与主机分开，减少了油箱发热和液压源振动对主机工作精度的影响，因此得到了普遍的应用，特别是在精密机械上。

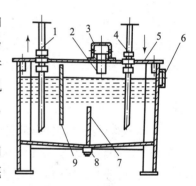

1—吸油管；2—滤油网；3—盖；4—回油管；5—安装板；6—液位；7，9—隔板；8—放油阀。

图4-1-1　油箱的典型结构

油箱的典型结构如图4-1-1所示。由图可见，油箱内部用隔板7、9将吸油管1与回油管4隔开。顶部、侧部和底部分别装有滤油网2、液位计6和排放污油的放油阀8。安装液压泵及其驱动电动机的安装板5则被固定在油箱顶面上。

近年来又出现了充气式的闭式油箱，它不同于图4-1-1所示开式油箱之处，在于油箱是整个封闭的，顶部有一充气管，可送入0.05～0.07MPa过滤纯净的压缩空气。空气或者直接与液压油接触，或者被输入蓄能器式的皮囊内，不与液压油接触。这种油箱的优点是改善了液压泵的吸油条件，但它要求系统中的回油管、泄油管承受背压。

1.1.2　油箱的容量

油箱的容量应能保证设备的液压传动系统内充满液压油全伸工作时其最低液面高于滤油

器上端 200mm 以上，以防止泵吸入空气；在液压传动系统停止工作时，油箱的最高液面不应超过油箱高度的 80%；而当液压传动系统中的液压油全部返回油箱时，液压油不能溢出油箱。

油箱的有效容积可按下式估算：

$$V = kq_v \qquad\qquad (4-1-1)$$

式中　V——油箱容积（L）；

　　　q_v——液压泵的总额定流量（L/min）；

　　　k——系数（min），低压时 $k = 2 \sim 4$ min，中压时 $k = 5 \sim 7$ min，高压时 $k = 6 \sim 12$ min。

1.1.3　油箱的结构设计

在设计液压系统时，油箱常根据需要自行设计。油箱结构设计要点及注意问题如下：

1）油箱要有足够的强度和刚度。多数油箱用 2.5 ~ 4.0 mm 钢板焊接，内焊加强肋。油箱的适当部位应设有吊耳，以便起吊装运。油箱内常设 2 ~ 3 块隔板，将回油区与吸油区分开，这样有利于散热、杂质的沉淀及气泡的逸出。隔板的高度为油面高度的 2/3 ~ 3/4。

2）油箱顶盖板上应设置通气孔，使液面与大气相通。通气孔处应设置空气滤清器，它既能过滤空气，又可利用其下部的滤油网做加油时的过滤装置。油箱的底面应适当倾斜，并在其最低位置处设置放油阀或放油塞。在箱壁的易见部位应设置表示油面高度的油面指示器。在油箱的侧壁应开设安装、清洗、维护的窗口，平时可用密封垫及盖板封死，需要时打开。

3）泵的吸油管口处装滤油器，其底面与油箱底面应保持一定距离，其侧面离箱壁应有 3 倍管径的距离，以使液压油从滤油器的四周和上、下面都能进入滤油器内。回油管口应插入最低油面以下，离箱底距离大于管径的 2 ~ 3 倍，以免飞溅起泡。回油管口应切成 45° 斜口，以增大出油面积，其斜口应面向箱壁以利于散热、减缓流速和杂质沉淀。各阀的泄漏油管应在液面以上（不宜插入油中），以免增加漏油腔的背压。各进、回油管通过顶盖的孔均需装密封圈，以防止液压油污染。

4）对油箱的内壁必须进行处理。对新油箱需进行喷丸、酸洗和表面清洗，对其内壁可涂敷一层与工作液相容的塑料薄膜或耐油清漆。

1.2　热交换器

在液压传动系统中，热交换器包括冷却器和加热器。液压传动系统的正常工作温度应保持在 30 ~ 50℃，最高温度不超过 65℃，最低温度不应低于 15℃。为保证液压油温度适宜、液压传动系统正常工作，必要时应设置冷却器或加热器来控制油温。

1.2.1　冷却器

液压传动系统对冷却器的基本要求是散热面积足够大、散热效率高和压力损失小，结构紧凑、坚固、体积小和质量轻，最好有自动控温装置以保证油温控制的准确性。

根据冷却介质的不同，冷却器有风冷式、冷媒式和水冷式三种，每种冷却器的工作原理、特点和应用如表 4-1-1 所示。

表 4-1-1 冷却器的分类

名称	原理	特点	应用
风冷式	用自然通风来冷却，无须用水	使用方便，结构简单，价格低廉，但冷却效果差	常用在行走设备上
冷媒式	利用冷媒介质如氟利昂在压缩机中做绝热压缩，通过散热器散热、蒸发器吸热原理，把液压油的热量带走，使油冷却	冷却效果好，但价格昂贵	常用于精密机床等设备上
水冷式	利用水循环带走热量冷却	结构相对简单，冷却效果较好	一般液压传动系统常用的冷却效果较好的冷却方式

图 4-1-2 所示为最简单的蛇形管冷却器，它直接安装在油箱内并浸入液压油中，冷却水从管内流过时，将液压油中的热量带走。这种冷却器的散热面积小，耗水量大，冷却效果不好。

液压传动系统，特别是大功率系统，一般采用多管式冷却器。如图 4-1-3 所示，冷却水从管内流过，液压油从筒体中的管间流过，中间隔板使液压油折转，从而增加液压油的循环路线长度，强化热交换效果。这种冷却器由于采用强制对流的方式，散热效率较高、结构紧凑、应用较普遍。

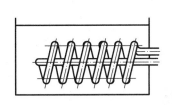

图 4-1-2 蛇形管冷却器

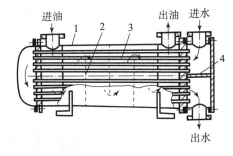

1—外壳；2—挡板；3—铜管；4—隔板。
图 4-1-3 多管式冷却器

1.2.2 加热器

在严寒地区使用液压设备时，由于气温低、液压传动系统启动困难、油温低、工作效率低，故需对油箱中的液压油进行加热。此外，对于要求在恒温条件下工作的液压实验装置、精密机床等液压设备，也需在液压传动系统开始工作前将油温提高到一定值。加热的方法有：

1）用系统本身的液压泵加热，使全部液压油通过溢流阀或安全阀回到油箱，使液压泵的驱动功率大部分转化为热量，从而使液压油升温。

2）用表面加热器加热，可以用蛇形管蒸汽加热，也可用电加热器加热。为了不使液压油局部高温导致烧焦，表面加热器的表面功率密度不应大于 3 W/cm^2。

1.3 压力表

压力表是测定和显示液压传动系统各部位压力的仪表，以便调整和控制。压力表的种类多，最常用的是弹簧管式压力表，如图4-1-4所示。液压油进入扁截面弹簧弯管1，弯管形使其曲率半径加大，使端部位移通过杠杆4带动齿扇5摆动，于是与齿扇5啮合的小齿轮6带动指针2转动，指示刻度盘3上的压力值。

压力表有多种精度等级。普通精度等级的有1级、1.5级、2.5级……；精密型的有0.1级、0.16级、0.25级……；精度等级的数值是压力表最大误差占量程（表的测量范围）的百分数。例如2.5级精度、量程为6MPa的压力表，其最大误差为 $6 \times 2.5\%$ MPa（即0.15MPa）。一般机床上的压力表用2.5~4级精度即可。使用压力表要有一定裕量，实际被测压力不应超过压力表量程的3/4。压力表必须直立安装，压力表接入压力管路时，应通过阻尼小孔，以防止被测压力突然升高而将其冲坏。

压力油路与压力表之间需装压力表开关，实际上它是一个小型的截止阀，用以接通或断开压力表与测量点油路的通道。

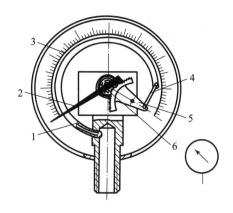

1—弹簧弯管；2—指针；3—刻度盘；
4—杠杆；5—齿扇；6—小齿轮。

图4-1-4 弹簧管式压力表

> **想一想** 液压传动系统中，如何选择和设计油箱？在哪些液压设备中需要使用冷却器？在哪些液压设备中需要使用加热器？

知识点2 蓄 能 器

蓄能器是液压传动系统中用来储存和释放液压能的装置，它能储存一定量的液压油，并在需要时迅速地或适量地释放出来，供系统使用，起到平衡和调节系统压力的作用。

在液压传动系统中，蓄能器常用来：

1）短期大量供油。周期性动作的液压传动系统，如果只在很短的时间内需要较大流量，便可以用蓄能器来供油。这样就可使系统选用流量等于循环周期内平均流量的液压泵，以减小电动机功率消耗，降低系统温升。

2）系统保压或应急能源。在液压泵停止向系统提供液压油的情况下，蓄能器能把储存的液压油提供给系统，补偿系统泄漏或充当应急能源，使系统在一段时间内维持系统压力，避免停电或系统发生故障时，由于液压油突然中断所造成的机件损坏。

3）减小液压冲击或压力脉动。由于液压阀的突然关闭或换向，系统可能产生压力冲击，此时可在压力冲击处安装蓄能器起吸收作用，使压力冲击峰值降低。如在液压泵的出口处安装蓄能器，还可以吸收液压泵的压力脉动，提高系统工作的平稳性。

蓄能器有弹簧式、重锤式和充气式三类。常用的是充气式蓄能器，它利用气体的压缩和膨胀，储存和释放压力能。在蓄能器中气体和液压油被隔开，根据隔离的方式不同，充气式蓄能器又分为活塞式、囊式和气瓶式三种。图 4 - 2 - 1（a）所示为活塞式蓄能器，用壳体 1 内浮动的活塞 2 将气体与液压油隔开，气体（一般为惰性气体氮气）经充气阀 3 进入上腔，活塞 2 的凹部面向充气端以增加气室容积；从蓄能器的下腔油口 a 充入液压油。活塞式蓄能器结构简单，安装和维修方便，寿命长，但由于活塞惯性和密封件摩擦力的影响，其动态响应较慢，适用于压力低于 20MPa 的系统储能或吸收压力脉动。图 4 - 2 - 1（b）所示为囊式蓄能器，往用耐油橡胶制成的气囊 4 内腔充入一定压力的惰性气体，气囊外部液压油经壳体 1 底部的菌形阀 5 通入，菌形阀还可保护气囊不被挤出容器。此蓄能器的气液完全隔开，气囊受压缩储存压力能，其惯性小、动作灵活，适用于储能和吸收压力冲击，工作压力可达 32MPa。

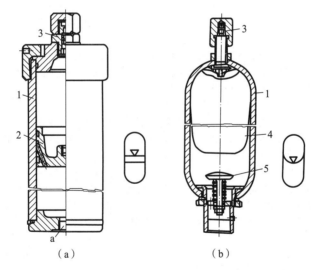

1—壳体；2—活塞；3—充气阀；4—气囊；5—菌形阀；a—下腔油口。

图 4 - 2 - 1　蓄能器
（a）活塞式蓄能器；（b）囊式蓄能器

蓄能器在液压回路中的安放位置随其功用不同而有变化，吸收液压冲击或压力脉动时宜放在冲击源或脉动源附近，补油保压时宜放在尽可能接近有关执行元件的位置。

使用蓄能器时需注意以下几点：

1）充气式蓄能器中应使用惰性气体（一般为氮气），允许的工作压力视蓄能器结构形式而定，如囊式为 3.5～32MPa。

2）不同的蓄能器各有其适用的工作范围，例如，囊式蓄能器的气囊强度不高，不能承受很大的压力波动，且只能在 -20～70℃ 的温度范围内工作。

想一想　液压传动系统中，蓄能器的作用是什么？

知识点 3 管件及接头

油管是液压传动系统用来连接各个分散的液压元件的，使液压油在液压传动系统内循环，传递能量。液压传动系统中的油管种类很多，有钢管、尼龙管、橡胶软管、紫铜管、塑料管等，应根据系统的工作压力和安装位置正确选用。表4-3-1所示为液压传动系统中常用油管的分类、特点和适用范围。

表4-3-1　油管的分类、特点和适用范围

种类		特点和适用范围
硬管	钢管	压力小于 2.5MPa 时，可用焊接钢管；压力大于 2.5MPa 时，可用冷拔无缝钢管；超高压系统，可选用合金钢管。钢管能承受高压，缺点是弯曲和装配较困难，需要专门的工具或设备
	紫铜管	容易弯成任意形状，可以承受的压力为 6.5～10.0MPa，因而用于小型中、低压设备的液压传动系统，特别是内部装配不方便处。但其价格高，抗振能力较弱，易使液压油氧化
软管	橡胶管	分高压和低压两种，用作两个相对运动部件的连接。高压软管由耐油橡胶夹钢丝编织网制成，其最高承受压力可达 42MPa，低压软管由耐油橡胶夹布制成，其承受压力一般在 1.5MPa 以下，橡胶软管安装方便，不怕振动，并能吸收部分液压冲击
	尼龙管	可塑性大，硬管加热后可以随意弯曲成形和扩口，冷却后又能定形不变，使用方便，价格低廉。其承压能力因材质而异，一般在 2.5～8.0MPa
	耐油塑料管	价格便宜，装配方便，但承压低，使用压力不超过 0.5MPa，长期使用会老化，只用作回油管和泄油管

管接头是油管与油管、油管与液压元件之间的可拆式连接件，它必须具有装拆方便、连接牢固、密封可靠、外形尺寸小、通流能力大、压降小、工艺性好等特点。管接头的种类很多，按管接头的通路数量和流向不同，可分为直通、弯头、三通和四通；按连接方式不同，可分为扩口式、焊接式、卡套式等，其规格与品种可查阅相关手册。

液压传动系统中常用的管接头见表4-3-2。

表 4 - 3 - 2 管接头的分类和特点

种类	特点	结构简图
焊接式	利用 O 形密封圈密封，连接简单，密封可靠，工作压力可达 32MPa。但是拆卸不方便，焊接较麻烦，主要用于连接厚壁钢管	
卡套式	用卡套套住油管进行密封，轴向尺寸要求不严，拆装方便；对油管径向尺寸精度要求较高，采用冷拔无缝钢管	
扩口式	用油管管端的扩口在管套的压紧下进行密封，结构简单；适用于钢管、薄壁钢管、尼龙管和塑料管等低压管路的连接	
扣压式	用来连接高压软管，在中低压系统中应用	
快速装卸式	用在需要经常装拆处，操作简单方便	1，7—弹簧；2、6—阀芯；3—钢球；4—外套；5—接头体

想一想 液压传动系统中，如何选择合适的管件和管接头？

知识点 4 密 封 装 置

密封是解决液压传动系统泄漏问题最重要、最有效的手段。液压传动系统若密封不良，会出现内、外泄漏，不仅会污染环境，还可能使空气被吸入液压传动系统，影响液压泵的工作性能和液压执行元件运动的平稳性。泄漏严重，会造成系统容积效率过低和工作压力达不到要求。另外，若密封过度，也会造成密封部分的剧烈磨损，缩短密封件的使用寿命，增大液压元件内的运动摩擦阻力，降低系统的机械效率。

密封装置按照其工作原理的不同，可分为非接触式密封和接触式密封，前者主要指间隙密封，后者指密封件密封。本节主要介绍间隙密封、O 形密封圈密封和唇形密封圈密封中的 Y 形密封圈和 V 形密封圈密封。密封装置的分类、特点和适用范围如表 4-4-1 所示。

表 4-4-1 密封装置的分类、特点和适用范围

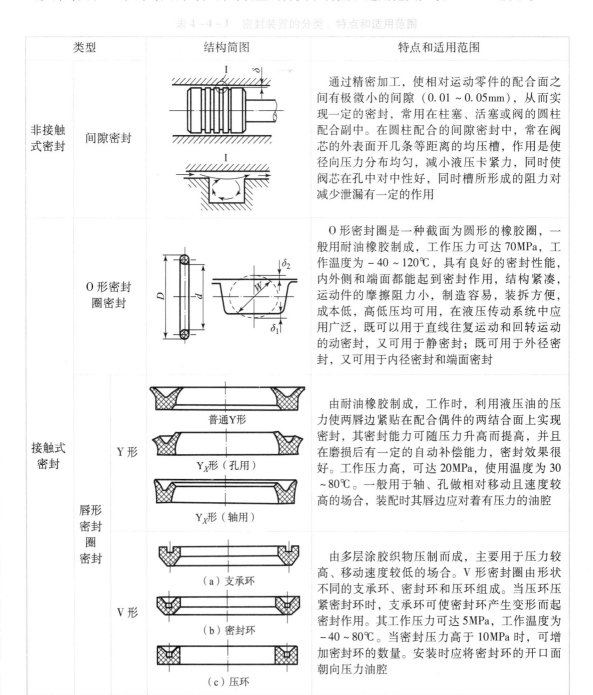

类型		结构简图	特点和适用范围
非接触式密封	间隙密封		通过精密加工，使相对运动零件的配合面之间有极微小的间隙（0.01~0.05mm），从而实现一定的密封，常用在柱塞、活塞或阀的圆柱配合副中。在圆柱配合的间隙密封中，常在阀芯的外表面开几条等距离的均压槽，作用是使径向压力分布均匀，减小液压卡紧力，同时使阀芯在孔中对中性好，同时槽所形成的阻力对减少泄漏有一定的作用
接触式密封	O 形密封圈密封		O 形密封圈是一种截面为圆形的橡胶圈，一般用耐油橡胶制成，工作压力可达 70MPa，工作温度为 -40~120℃，具有良好的密封性能，内外侧和端面都能起到密封作用，结构紧凑，运动件的摩擦阻力小，制造容易，装拆方便，成本低，高低压均可用，在液压传动系统中应用广泛，既可以用于直线往复运动和回转运动的动密封，又可用于静密封；既可用于外径密封，又可用于内径密封和端面密封
	唇形密封圈密封	普通Y形 / Y_X形（孔用）/ Y_X形（轴用）	由耐油橡胶制成，工作时，利用液压油的压力使两唇边紧贴在配合偶件的两结合面上实现密封，其密封能力可随压力升高而提高，并且在磨损后有一定的自动补偿能力，密封效果很好。工作压力高，可达 20MPa，使用温度为 30~80℃。一般用于轴、孔做相对移动且速度较高的场合，装配时其唇边应对着有压力的油腔
	V 形	（a）支承环 / （b）密封环 / （c）压环	由多层涂胶织物压制而成，主要用于压力较高、移动速度较低的场合。V 形密封圈由形状不同的支承环、密封环和压环组成。当压环压紧密封环时，支承环可使密封环产生变形而起密封作用。其工作压力可达 5MPa，工作温度为 -40~80℃。当密封压力高于 10MPa 时，可增加密封环的数量。安装时应将密封环的开口面朝向压力油腔

液压传动系统对密封装置的要求主要有：

1）良好的密封性能，即泄漏量尽量少甚至没有，并随着压力的增加能自动提高密封性能（称为自封性）。

2）密封装置和运动件之间的摩擦阻力要小。

3）密封件抗腐蚀能力强，不易老化，耐磨性好，磨损后在一定程度上能自动补偿。

4）结构简单，工艺性好，使用、维护方便，价格低廉。

5）密封件与液压油有良好的相容性。

> 🛠 想一想　如何减少或者控制液压传动系统中的泄漏现象？

实践活动

活动：管路的连接。

实践目的	认识油管、管接头等辅助元件。 掌握管接头的连接方法
参考步骤	1）熟悉典型油管及管接头。 2）在指导老师的安排下，完成相应管路的连接。 3）检查管路连接。 4）按指导老师的要求，填写实践报告，整理各液压元件

注意：内、外螺纹轴心线要一致；拧紧螺母时，用力要适当。

实践活动工作页

姓名：_____　　　　学号：_____　　　　日期：_____

实践内容：	
过程记录：	出现的问题及解决方法：
	实践心得：
小组评价	教师评价

单元小结

一、知识框架

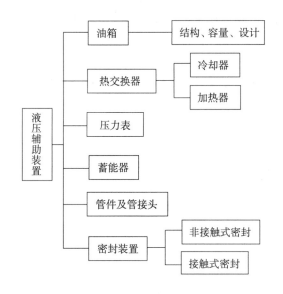

二、知识要点

1. 在液压传动系统中，油箱的功用主要是储存液压油；此外，还起着散发液压油中的热量（在周围环境温度较低的情况下则是保持液压油中的热量）、释出混在液压油中的气体及沉淀在液压油中的污物等作用。液压传动系统中的油箱有整体式和分离式两种。

2. 在液压传动系统中，热交换器包括冷却器和加热器。

3. 压力表是测定和显示液压传动系统各部位压力的仪表，以便调整和控制。

4. 蓄能器是液压传动系统中用来储存和释放液压能的装置，它能储存一定量的液压油，并在需要时迅速地或适量地释放出来，供系统使用，起到平衡和调节系统压力的作用。

5. 油管是液压传动系统用来连接各个分散的液压元件的，使液压油在液压传动系统内循环，传递能量。

6. 密封是解决液压传动系统泄漏问题最重要、最有效的手段。密封装置按照其工作原理的不同，可分为非接触式密封和接触式密封，前者主要指间隙密封，后者指密封件密封。

综合练习

一、填空题

1. 液压传动系统中的油箱有_____和_____两种。

2. 油箱的容量应能保证在设备的液压传动系统内充满液压油，全伸工作时，其液面

（最低液面）高于滤油器上端_____以上，以防止泵吸入空气；在设备的液压系统停止工作时，油箱的最高液面不应超过油箱高度的_____；而当液压传动系统中的液压油全部返回油箱时，液压油不能_____。

3. 在液压传动系统中，热交换器包括_____和_____。

二、判断题

1. 液压传动系统对冷却器的基本要求是散热面积足够大、散热效率高和压力损失小，结构紧凑、坚固、体积小和质量轻，最好有自动控温装置以保证油温控制的准确性。　　　　　　　　　　　　　　　　　　　　　　　　　　　　（　　）

2. 风冷式是一般液压传动系统常用的冷却效果较好的冷却方式。　　　（　　）

3. 压力油路与压力表之间需装压力表开关，实际上它是一个小型的截止阀，用以接通或断开压力表与测量点油路的通道。　　　　　　　　　　　（　　）

单元五
液压控制阀及液压基本回路

情境导入

　　在使用卧式镗铣床（图 5 – 1）加工零件时，工作台的运动是其中必不可少的运动之一。工作台与主轴的相对运动可以实现零件多个部位、多种型面的加工。但是在不同的加工过程中，进给量、进给速度是不同的，并可能随着加工的进行随时变化，因此工作台的行进速度也不是一成不变的。而我们知道，驱动和控制工作台运动的是液压传动系统，液压传动系统是如何实现工作台的行进、停止，又是如何实现工作台进给速度的实时调节，达到控制加工过程的目的呢？本单元将介绍液压传动系统中的控制阀及基本液压回路，讨论它们在液压传动系统中的控制作用。

图 5 – 1　卧式镗铣床

学习要求

　　通过本单元的学习，掌握液压传动系统中常用控制阀的工作原理、结构特点、图形符号和应用等；掌握常用液压基本回路的类型、组成、工作原理及应用等。学习时，应抓住问题的实质，集中精力深入理解和掌握工作原理；通过图文对照、实物拆装、回路实验等手段加强对相关知识的理解和应用。

知识点 1 方向控制阀及方向控制基本回路

液压控制阀的作用是控制液压传动系统中液体的流动方向，调节液体的压力和流量，从而满足各类执行元件克服外部载荷、改变运动方向和运动速度的要求；它是直接影响液压传动系统工作过程和工作特性的重要元器件，是液压传动系统的重要组成部分。任何复杂的液压传动系统，都是由一些基本回路组成的。所谓基本回路，就是由液压元件组成的、用来完成特定功能的典型回路。常用的基本回路按功能可分为方向控制回路、压力控制回路和速度控制回路三类。

1.1 概述

1.1.1 液压控制阀的分类

液压控制阀的种类很多，可按不同的特征进行分类，见表 5 – 1 – 1。

表 5 – 1 – 1 液压控制阀的分类

分类方法	类别	类别内容
按功能分类	压力控制阀	溢流阀、减压阀、顺序阀、压力继电器、比例压力控制阀等
	方向控制阀	单向阀、液控单向阀、换向阀、截止阀、梭阀、比例换向阀
	流量控制阀	节流阀、单向节流阀、调速阀、分流—集流阀、比例流量控制阀
按结构分类	滑阀	圆柱滑阀、转阀、平板滑阀
	座阀	锥阀、球阀、喷嘴挡板阀
	射流管阀	射流阀
按操纵方式分类	手动阀	手柄及手轮、踏板、杠杆
	电动阀	电磁铁、电液动阀、伺服控制
	机动阀	挡块及碰块、弹簧
	液动阀	液动阀
按连接方式分类	管式连接	法兰板式连接、螺纹式连接
	板式或叠加式连接	单（双）层板式连接、叠加阀
	插装式连接	螺纹式插装、法兰式插装

1.1.2 液压控制阀的作用

液压控制阀是用来控制液压传动系统中液压油的流动方向或调节其压力和流量的元件，

因此它可分为方向控制阀、压力控制阀和流量控制阀三类。一个形状相同的阀，可以因作用机制不同而具有不同的功能。压力控制阀和流量控制阀利用通流截面的节流作用控制着系统的压力和流量，而方向控制阀则利用通流通道的更换控制液压油的流动方向。这就是说，尽管液压控制阀存在各种各样的类型，它们之间还是保持着一些基本共同点的。例如：

1）在结构上，所有的阀都由阀体、阀芯（转阀或滑阀）和驱使阀芯动作的元部件（如弹簧、电磁铁）组成。

2）在工作原理上，所有阀的开口大小，阀进、出口间压差以及流过阀的流量之间的关系都符合孔口流量公式，只是各种阀控制的参数各不相同而已。

1.1.3 液压控制阀的性能要求

1）动作灵敏，使用可靠，工作时冲击和振动小，噪声小，寿命长。
2）流体流过时压力损失小。
3）密封性能好。
4）结构紧凑，安装、调整、使用、维护方便，通用性强。

1.2 方向控制阀

方向控制阀是用来控制和改变液压传动系统中油路通断或改变液压油流通方向，控制液压执行元件启动和停止，改变其运动方向和动作顺序的阀类。方向控制阀的工作原理是利用阀芯相对阀体的移动来改变液压油的通路。

方向控制阀按其用途不同，可分为单向阀和换向阀两种。单向阀主要用于控制液压油的单方向流动；换向阀主要用于改变液压油的流动方向或接通、切断油路。

1.2.1 单向阀

液压传动系统中常见的单向阀有普通单向阀和液控单向阀两种，见表 5-1-2。

表 5-1-2　两种单向阀的工作原理及应用

类型	图形符号与结构	工作原理	应用
普通单向阀	 1—阀体；2—阀芯；3—弹簧	液压油从阀体油口 P_1 流入，克服弹簧 3 的作用力及阀芯与阀体之间的摩擦力，顶开阀芯 2，从阀体油口 P_2 流出。当液压油从油口 P_2 流入时，作用在阀芯上的液压力与弹簧力一起使阀芯压紧在阀座上，使油口 P_1 关闭，液压油不能流过	①用于液压泵的出口，防止液压油倒流，防止由于系统压力的突然升高而损坏液压泵，防止系统中液压油流失，避免空气进入系统。 ②用于隔开油路之间的连续，防止油路互相干扰。 ③做背压阀用，使油路保持一定的压力，保证执行元件的运动平稳性。 ④做旁通阀使用，单向阀通常与顺序阀、减压阀、节流阀和调速阀并联组成单向复合阀，如单向节流阀、单向顺序阀

续表

类型	图形符号与结构	工作原理	应用
液控单向阀	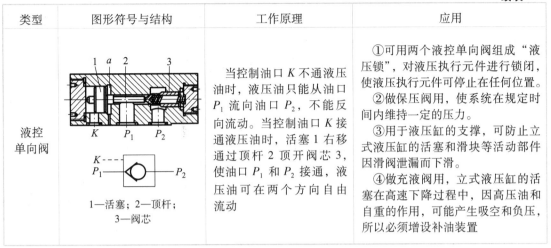 1—活塞；2—顶杆； 3—阀芯	当控制油口 K 不通液压油时，液压油只能从油口 P_1 流向油口 P_2，不能反向流动。当控制油口 K 接通液压油时，活塞 1 右移通过顶杆 2 顶开阀芯 3，使油口 P_1 和 P_2 接通，液压油可在两个方向自由流动	①可用两个液控单向阀组成"液压锁"，对液压执行元件进行锁闭，使液压执行元件可停止在任何位置。 ②做保压阀用，使系统在规定时间内维持一定的压力。 ③用于液压缸的支撑，可防止立式液压缸的活塞和滑块等活动部件因滑阀泄漏而下滑。 ④做充液阀用，立式液压缸的活塞在高速下降过程中，因高压油和自重的作用，可能产生吸空和负压，所以必须增设补油装置

1.2.2　换向阀

换向阀是利用阀芯相对于阀体的相对运动，使油路接通、断开或变换液压油的流动方向，从而使液压执行元件启动、停止或变换运动方向。换向阀的类型有很多，根据阀芯在阀体中的工作位置数分二位、三位等，根据所控制的通道数分二通、三通、四通、五通等，如二位二通、三位三通、三位五通等；根据阀芯驱动方式分手动、机动、电磁、液动、电液动等；根据阀芯的结构形式分圆柱滑阀、锥阀和球阀等，其中圆柱滑阀的应用最为广泛。

1. 换向阀的工作原理

滑阀式换向阀由主体（阀芯和阀体）、控制机构以及定位机构组成。图 5－1－1 所示为滑阀式换向阀的工作原理，它是靠阀芯在阀体内做轴向运动，从而使相应的油路接通或断开的换向阀。滑阀是一个具有多个环形槽的圆柱体，而阀体孔内有若干个沉割槽。每条沉割槽都通过相应的孔道与外部相通，其中 P 为进油口，T 为回油口，而 A 和 B 则分别与液压缸两腔接通。当阀芯处于图 5－1－1（a）所示位置时，P 与 B 相通、A 与 T 相通，活塞向右运动；当阀芯向左移至图 5－1－1（b）所示位置时，P 与 A 相通、B 与 T 相通，活塞向左

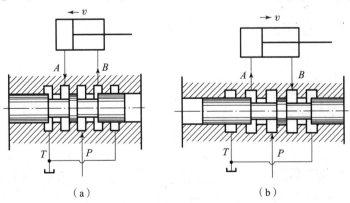

图 5－1－1　滑阀式换向阀的工作原理

（a）滑阀阀芯处于左位；（b）滑阀阀芯处于右位

运动。

换向阀的完整职能符号应包括主体部分、控制方式，对于三位四通换向阀还要表明其中位机能。具体应表明工作位数、油口数和在各工作位置上油口的连通关系、控制方式以及复位、定位方法。图 5 – 1 – 2 所示为一个完整的三位四通电磁换向阀的职能符号。

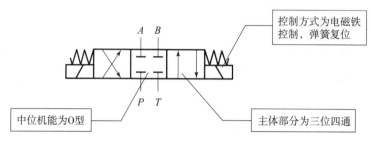

图 5 – 1 – 2　换向阀的职能符号

2. 换向阀的位和通

换向阀的职能符号，如图 5 – 1 – 2 所示，由于该换向阀阀芯相对于阀体有三个工作位置，通常用一个粗实线框代表一个工作位置，通称"位"，因而有三个方框。而该换向阀共有 P、T、A 和 B 四个油口，所以在每个方框中表示油路的通路与方框共有四个交点，在中间位置，由于各油口之间互不相通，则用 "⊥" 或 "⊤" 来表示，通称"通"。当阀芯向左移动时，表示该换向阀左位工作，即 P 与 B、A 与 T 相通，反之，P 与 A、B 与 T 相通，因此该换向阀被称为三位四通换向阀。表 5 – 1 – 3 所示为其他形式换向阀主体部分的结构。

表 5 – 1 – 3　其他形式换向阀主体部分的结构

名称	结构原理图	职能符号	使用场合	
二位二通阀			控制油路的接通与切断（相当于一个开关）	
二位三通阀			控制液流方向（从一个方向变换成另一个方向）	
二位四通阀			控制执行元件换向	不能使执行元件在任一位置上停止运动	执行元件正、反向运动时回油方式相同
三位四通阀				能使执行元件在任一位置上停止运动	

名称	结构原理图	职能符号		使用场合	
二位 五通阀	T_1 A P B T_2	A B $T_1$$P$$T_2$	控制执行元件换向	不能使执行元件在任一位置上停止运动	执行元件正、反向运动时可以得到不同的回油方式
三位 五通阀	T_1 A P B T_2	A B $T_2$$P$$T_1$		能使执行元件在任一位置上停止运动	

3. 换向阀的控制方式

换向阀按阀芯相对于阀体的运动方式不同，可分为滑阀式和转阀式两种，滑阀式换向阀在液压传动系统中的应用远比转阀式广泛；按改变阀芯与阀体之间相对位置的动力源种类或操作方式分为手动式、机动式、电磁式、液动式和电液动式等。图5-1-3所示为常见的滑阀操纵方式。

（a）　　　（b）　　　（c）　　　（d）　　　（e）　　　（f）　　　（g）

图5-1-3　滑阀的操纵方式

（a）手动式；（b）机动式；（c）电磁式；（d）弹簧控制；（e）液动式；

（f）液压先导控制；（g）电液先导控制

知识拓展

转阀是通过阀芯的旋转运动实现油路启闭和换向的方向控制阀。转阀的操纵方式常用的有手动和机动两种。

图5-1-4所示为三位四通转阀的工作原理。当阀芯处于图5-1-4（a）所示位置时，油口P、A、B、T互不相通；当阀芯顺时针方向转过一个角度而处于图5-1-4（b）所示位置时，油口P通B，A通T；当阀芯逆时针方向转过一个角度而处于图5-1-4（c）所示位置时，油口P通A，B通T。

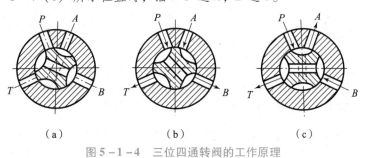
（a）　　　　　　　（b）　　　　　　　（c）

图5-1-4　三位四通转阀的工作原理

转阀密封性较差，径向力不易平衡，一般用于压力较低和流量较小的场合。

弹簧对中型三位四通电液动换向阀，其先导阀的中位机能不能选择 O 型。原因是，当两个电磁铁均断电时，O 型中位机能的电磁阀不能使主阀阀芯两端接通油箱而卸压，从而不能保证先导阀断电时主阀阀芯可靠地停留在中位，失去了先导阀对主阀的控制作用。

4. 换向阀的中位机能

换向阀在常态位置上，各油口的连通方式称为滑阀的中位机能。当三位换向阀的阀芯处于中间位置（即常态位置）时，各油口间可采用不同的连通方式，以满足执行装置处于非运动状态时系统的不同要求。滑阀中位机能不仅在阀芯处于中位时对系统性能有影响，而且在换向过程中对系统的性能也有影响。三位四通换向阀常见的中位机能见表 5-1-4。

表 5-1-4 三位四通换向阀常见的中位机能和符号

机能代号	中位图形符号	机能特点	应用特点
O		P、A、B、T 四油口全封闭；液压泵不卸荷，液压缸闭锁；可用于多个换向阀的并联工作	在中间位置时，液压缸锁紧，液压泵不卸荷，并联的其他液压执行元件运动不受影响。从静止到启动较平稳，但换向冲击大
H		四油口全串通；活塞处于浮动状态，在外力作用下可移动；泵卸荷	在中间位置时，各油口全部连通，系统卸荷，缸呈浮动状态。液压缸两腔接油箱，从静止到启动有冲击；制动时油口互通，故制动较 O 型平稳；但换向位置变动大
P		P、A、B 三油口相通，T 口封闭；泵与缸两腔相通，可组成差动回路	在中间位置时，压力油口 P 与缸两腔连通，可形成回路，回油口封闭。从静止到启动较平稳；制动时缸两腔均通液压油，故制动平稳；换向位置变动比 H 型的小，应用广泛
Y		P 口封闭，A、B、T 三油口相通；活塞浮动，在外力作用下可移动；泵不卸荷	在中间位置时，油泵不卸荷，缸两腔通回油，缸呈浮动状态。由于缸两腔接油箱，从静止到启动有冲击，制动性能介于 O 型与 H 型之间
M		P、T 口相通，A 与 B 口均封闭；活塞不动；泵卸荷，也可用多个 M 型换向阀并联工作	在中间位置时，油泵卸荷，缸两腔封闭，从静止到启动较平稳；制动性能与 O 型相同；可用于油泵卸荷、液压缸锁紧的液压回路中
K		P、A、T 三油口相通，B 口封闭；活塞处于闭锁状态；泵卸荷	在中间位置时，油泵卸荷，液压缸一腔封闭一腔接回油箱。两个方向阀换向时性能不同
X		四油口处于半开启状态；泵基本上卸荷，但仍保持一定压力	在中间位置时各油口半开启接通，P 口保持一定的压力；换向性能介于 O 型和 H 型之间

小知识

> 换向阀常见的故障有：不能换向、阀产生振动、交流电磁铁有蜂鸣声、电磁铁动作时间偏差大，或有时不能动作、线圈烧毁、切换电源活动铁芯不能退回等。

1.3　方向控制基本回路

利用各种方向阀来控制液压传动系统中液流的通断和改变液压油的流动方向，以使执行元件进行工作启动、停止（包括锁紧）、换向，实现能量分配的回路。这种回路主要由各种方向控制阀组成，如单向阀、手动换向阀、机动换向阀、电动换向阀、液动换向阀、电液动换向阀等，或由几种换向阀联合控制，组成换向回路。以下要介绍的方向控制回路有换向回路、启停回路和锁紧回路。

1.3.1　换向回路

换向回路用于控制液压传动系统中液压油的流动方向，从而改变执行元件的运动方向。为此，要求换向回路具有较高的换向精度、换向灵敏度和换向平稳性。运动部件的换向多采用电磁换向阀来实现；在容积调速的闭式回路中，利用变量泵控制液压油流动方向来实现液压缸换向（表5-1-5）。

表5-1-5　换向回路的特点及应用

换向阀	回路	回路描述	特点及应用
二位四通电磁换向阀		采用二位四通电磁换向阀的换向回路，当电磁换向阀通电时，液压油进入液压缸左腔，推动活塞杆向右移动；断电时，弹簧力使阀芯复位，液压油进入液压缸右腔，推动活塞杆向左移动	二位四通电磁换向阀没有中位，所以在此回路中，活塞只能停留在液压缸的两端，不能停留在任意位置上。采用二位四通电磁换向阀换向的回路，布置灵活，操纵方便，对于多缸系统容易实现自动循环
三位四通电磁换向阀		阀处于中位时，M型滑阀机能使泵卸荷，液压缸两腔油路封闭，活塞停止；当YA1通电时，换向阀切换至左位，液压缸左腔进油，活塞向右移动；当滑块触动行程开关2S时，YA2通电，换向阀切换至右位工作，液压缸右腔进油，活塞向左移动。当滑块触动行程开关1S时，YA1又通电，开始下一个工作循环	由于两个行程开关的作用，此回路可以使执行元件完成连续的自动往复运动。电磁换向阀的换向回路应用最为广泛，一般用于小流量、平稳性要求不高的场合

1.3.2 启停回路

液压传动系统中虽然可用启动和停止液压泵电动机的方法使执行元件启动和停止，但这对电动机和电网都不利。因此在液压传动系统中设置启动和停止的回路来实现这一要求更为合理。表 5-1-6 所示为两种不同形式的启停回路。

表 5-1-6　启停回路的特点及应用

换向阀	回路	回路描述	特点及应用
二位二通阀	至系统	二位二通电磁换向阀通电，换向阀左位接入，主油路断开，工作机构停止运动；电磁铁断电，换向阀右位接入，系统启动	该回路中，要求二位二通阀能通过全部流量，故一般用于小流量系统
二位三通阀		在图示位置时，液压泵向系统供油，液压传动系统开始工作；电磁换向阀通电时，左位接通，回油箱，系统停止运动	用一个二位三通电磁换向阀来接通或切断液压油源，使压力泵向系统供油或低压卸荷。结构简单，适用于小流量系统

1.3.3 锁紧回路

锁紧回路的功能是通过切断执行元件的进油、出油通道来使它停在任意位置，并可防止停止运动后，因外界因素发生窜动、下滑现象（表 5-1-7）。

表 5-1-7　锁紧回路的特点及应用

换向阀	锁紧回路	回路描述	特点及应用
中位机能		采用 O 型或 M 型机能的三位四通换向阀，当阀芯处于中位时，液压缸的进、出口都被封闭，可以将活塞锁紧	这种锁紧回路结构简单，但由于换向滑阀的环形间隙泄漏较大，故一般只用于锁紧要求不太高或只需短暂锁紧的场合
液控单向阀		在液压缸的进、回油路中都串接液控单向阀（又称液压锁），换向阀的中位机能应使液控单向阀控制液压油卸压，即换向阀只宜采用 H 型或 Y 型中位机能。换向阀处于中间位置时，液压泵卸荷，输出液压油经换向阀回油箱，由于系统无压力，两个液控单向阀都关闭，液压缸左、右两腔的液压油均不能流动，活塞被双向闭锁	液压缸活塞可以在任何位置锁紧，由于液控单向阀有良好的密封性，闭锁效果较好，这种回路广泛应用于工程机械、起重运输机械等有较高锁紧要求的场合

实践活动

活动1：换向回路。

项目	二位四通电磁换向阀换向回路	三位四通电磁换向阀换向回路
实践目的与要求	1）理解常见换向回路的构成、特点及控制方式。 2）理解换向阀的"位"和"通"的概念。 3）掌握换向阀的结构和工作原理。 4）掌握换向回路的基本组成和换向阀在回路中的作用。 5）熟悉换向阀换向的操纵方式	
工作原理	如下图所示，当换向阀3处于图示状态时，液压泵1的液压油经换向阀3右位至液压缸4左腔，液压缸4活塞杆伸出。当电磁铁YA1得电时，液压泵1液压油经换向阀3左位至液压缸4右腔，液压缸4活塞杆退回	如下图所示，当液压泵1的液压油经换向阀3右位至液压缸4左腔时，液压缸4的活塞杆伸出；当换向阀3处于中位时，液压缸4停止运动；当液压泵1的液压油经换向阀3左位至液压缸4右腔时，液压缸4活塞杆退回
液压控制图	 1—液压泵；2—直动式溢流阀； 3—二位四通电磁换向阀； 4—双作用单活塞杆液压缸	 1—液压泵；2—直动式溢流阀； 3—三位四通电磁换向阀； 4—双作用单活塞杆液压缸
参考步骤	根据实践目的和要求，完成本项实践。 1）按照技能训练内容，正确选取所需的液压元件，并检查其性能的完好性。 2）将检验好的液压元件安装在实训台插件板上的适当位置，通过快速接头和软管接头，按照回路要求，把各个元件连接起来（包括压力表）。 3）将电磁阀与控制线连接起来。 4）按照回路图，确认安装连接正确后，旋松泵出口处自行安装的溢流阀。经过检查确认正确无误后，再启动液压泵。 5）详细分析回路中电磁阀处于不同位置工作时液压缸的动作顺序。 6）实践完毕后，应先旋松溢流阀，继而使液压泵停止工作。经确认回路中压力为零后，取下连接油管和元件，归类放入规定的地方	

想一想 以上实践活动中的溢流阀属于什么类型？作用是什么？

活动2：锁紧回路。

项目	换向阀锁紧回路	液控单向阀锁紧回路
实践目的与要求	1）了解常见锁紧回路的构成和特点。 2）理解换向阀的"位"和"通"的概念。 3）掌握换向阀的结构和工作原理。 4）掌握换向回路的基本组成和换向阀在回路中的作用。 5）熟悉换向阀换向的操纵方式	
工作原理	下图所示为采用O型（或M型）机能三位四通换向阀的锁紧回路。当阀芯处于中位时，液压缸的进、出口都被封闭，可以将活塞锁紧，这种锁紧回路由于受到滑阀泄漏的影响，锁紧效果差	如下图所示，本回路在液压缸的进、回油路中都串接液控单向阀（又称液压锁），活塞可以在行程的任何位置锁紧。其锁紧精度只受液压缸内少量的内泄漏影响，因此，锁紧精度较高。电磁换向阀3采用Y型（或H型）中位机能，当换向阀处于中位时，液控单向阀控制液压油卸压，液控单向阀便立即关闭，活塞停止运动
液压控制图	1—液压泵；2—直动式溢流阀； 3—三位四通电磁换向阀； 4—双作用单活塞杆液压缸	1—液压泵；2—直动式溢流阀； 3—三位四通电磁换向阀（Y型）； 4，5—液控单向阀；6—双作用单活塞杆液压缸
参考步骤	根据实践目的和要求，完成本项实践。 1）按照技能训练内容，正确选取所需的液压元件，并检查其性能的完好性。 2）将检验好的液压元件安装在实训台插件板上的适当位置，通过快速接头和软管接头，按照回路要求，把各个元件连接起来（包括压力表）。 3）将电磁阀与控制线连接起来。 4）按照回路图，确认安装连接正确后，旋松泵出口处自行安装的溢流阀。经过检查确认正确无误后，再启动液压泵。 5）详细分析回路中电磁阀处于不同位置工作时液压缸的动作顺序。 6）实践完毕后，应先旋松溢流阀，继而使液压泵停止工作。经确认回路中压力为零后，取下连接油管和元件，归类放入规定的地方	

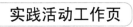

实践活动工作页

姓名：_____　　　　学号：_____　　　　日期：_____

实践内容：

过程记录：

出现的问题及解决方法：

实践心得：

小组评价		教师评价	

知识点 2 压力控制阀及压力控制基本回路

压力控制回路是利用压力控制阀来控制系统或局部油路压力，以满足执行元件要求的回路。在选择压力控制阀以及设计压力控制基本回路时，务必根据设计要求、方案特点、适用场合等认真考虑。

2.1 概述

在液压传动系统中，控制液压油压力高低的液压阀称为压力控制阀，简称压力阀。这类阀的共同点是利用作用在阀芯上的液压力和弹簧力相平衡的原理工作。压力控制阀常见的分类如表 5 – 2 – 1 所示。

表 5 – 2 – 1　压力控制阀的分类

分类方法	类别内容
按工作原理分类	直动式
	先导式
按阀芯结构分类	滑阀
	球阀
	锥阀
按功能分类	溢流阀
	减压阀
	顺序阀
	平衡阀
	压力继电器
	…

压力控制回路主要是通过各类压力控制元件来控制液压传动系统中各支路的压力，以满足各个执行机构所需的力或力矩。利用压力控制回路可以实现对系统进行的调压、减压、增压卸荷、保压与平衡等各种控制。

在选用压力控制回路时，应根据机械设备的工艺要求、特点和适用场合进行选择。在一个工作循环中的某一段时间内各支路不需要提供液压能时，则考虑用卸荷回路；当某支路需要稳定的低于动力源的压力时，应考虑减压回路；当载荷变化较大时，应考虑多级压力控制回路；当有惯性较大的运动部件，容易产生冲击时，应考虑缓冲或制动回路；在有升降运动部件的液压传动系统中，应考虑平衡回路。

2.2　压力控制阀

常见的压力控制阀有溢流阀、减压阀、顺序阀和压力继电器等。

2.2.1　溢流阀

溢流阀是一种限制系统压力和释放过载压力的阀，它能控制液压传动系统在达到调定压力时保持恒定状态，实现稳压、调压或限压作用。几乎在所有的液压传动系统中都需要用到它，其性能好坏对整个液压传动系统的正常工作有很大影响。溢流阀按其结构原理分为直动式和先导式两种。直动式一般用于低压系统，先导式用于中、高压系统。

1. 溢流阀的工作原理

（1）直动式溢流阀

图 5-2-1 所示为锥阀式（还有球阀式和滑阀式）直动式溢流阀的结构和图形符号。当进油口 P 从系统接入液压油的压力不高时，锥阀芯 2 被弹簧 3 紧压在阀体 1 的孔口上，阀口关闭。当进口油压升高到能克服弹簧阻力时，便推开锥阀芯使阀口打开，液压油就由进油口 P 流入，再从出油口 T 流回油箱（溢流），进油压力也就不会继续升高。当通过溢流阀的流量变化时，阀口开度即弹簧压缩量也随之改变。但在弹簧压缩量变化很小的情况下，可以认为阀芯在液压力和弹簧力作用下保持平衡，溢流阀进口处的压力基本保持为定值。拧动调压螺钉 4 改变弹簧预压缩量，便可调整溢流阀的溢流压力。这种溢流阀因液压油直接作用于阀芯而被称为直动式溢流阀。直动式溢流阀用于低压小流量。系统压力高时采用先导式溢流阀。

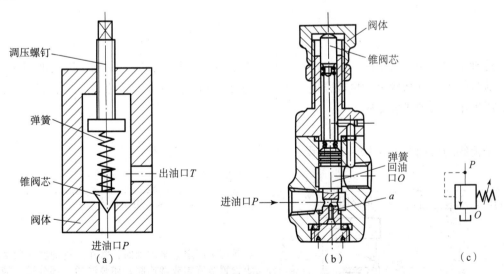

图 5-2-1　直动式溢流阀的结构和图形符号

（a）（b）结构；（c）图形符号

（2）先导式溢流阀

先导式溢流阀由先导阀和主阀两部分组成。图 5-2-2 （a）（b）分别为高压、中压先导式溢流阀的结构简图。其先导阀是一个小规格锥阀芯直动式溢流阀，其主阀芯 5 上开有阻尼小孔 e。在它们的阀体上还加工了孔道 a、b、c、d。液压油从进油口 P 进入，经阻尼孔 e 及孔道 c 到达先导阀的进油腔（在一般情况下，远程控制口 K 是堵塞的）。当进油口压力低于先导阀弹簧调定压力时，先导阀关闭，阀内无液压油流动，主阀芯上、下腔油压相等，因而它被主阀弹簧抵住在主阀下端，主阀关闭，阀不溢流。当进油口 P 的压力升高时，先导阀进油腔油压也升高，直至达到先导阀弹簧的调定压力时，先导阀被打开，主阀芯上腔油经先导阀口及阀体上的孔道 a，由回油口 T 流回油箱。主阀芯下腔液压油则经阻尼小孔 e 流动，由于小孔阻尼大，使主阀芯两端产生压力差，主阀芯便在此压差作用下克服其弹簧力上抬，主阀进、回油口连通，达到溢流和稳压的目的。调节先导阀的手轮，便可调整溢流阀的工作压力。更换先导阀的弹簧（刚度不同的弹簧），便可得到不同的调压范围。

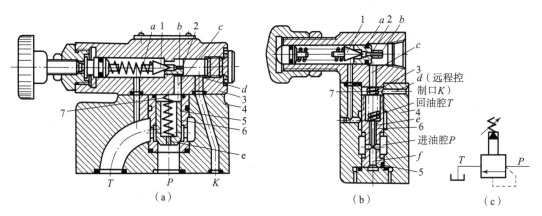

1—先导阀芯；2—先导阀座；3—先导阀体；4—主阀体；5—主阀芯；
6—主阀套；7—主阀弹簧

图 5 - 2 - 2　先导式溢流阀的结构和图形符号

（a）（b）结构；（c）图形符号

这种结构的阀，其主阀芯是利用压差作用开启的，主阀芯弹簧力很弱，因而即使压力较高、流量较大，其结构尺寸也较紧凑、小巧，且压力和流量的波动也比直动式溢流阀小，但其灵敏度不如直动式溢流阀。

2. 溢流阀的应用

溢流阀的应用如表 5 - 2 - 2 所示。

表 5 - 2 - 2　溢流阀的应用

作用	回路图	用途描述
溢流稳压	50%	系统采用定量泵供油时，常在其进油路或回油路上设置节流阀或调速阀，使泵油的一部分进入液压缸工作，而多余的油需经溢流阀流回油箱，溢流阀处于其调定压力下的常开状态。调节弹簧的压紧力，也就调节了系统的工作压力

续表

作用	回路图	用途描述
安全保护		系统采用变量泵供油时，系统内没有多余的油需溢流，其工作压力由负载决定。这时与泵并联的溢流阀只有在过载时才需打开，以保障系统的安全，因此它是常闭的
使泵卸荷	至系统	采用先导式溢流阀调压的定量泵系统，当阀的远程控制口 K 与油箱连通时，其主阀芯在进口压力很低时即可迅速开启，使泵卸荷，以减少能量损耗
形成背压		将溢流阀安设在液压缸的回油路上，可使缸的回油腔形成背压，提高运动部件运动的平稳性，因此这种用途的阀也称背压阀
远程调压	至系统	当先导式溢流阀的外控口（远程控制口）与调压较低的溢流阀（或远程调压阀）连通时，其主阀芯上腔的油压只要达到低压阀的调整压力，主阀芯即可抬起溢流（其先导阀不再起调压作用），即实现远程调压。当电磁阀不通电右位工作时，将先导式溢流阀的外控口与低压调压阀连通，实现远程调压
多级调压	YA1　YA2　4 MPa　8 MPa　A　B　10 MPa　1　2	在如左图所示多级调压回路中，利用电磁换向阀和溢流阀可调出三种回路压力。其中最大压力一定要设定在主溢流阀上。当双电控电磁阀处于1（左）位时，系统压力设定为4MPa，而当双电控电磁阀处于2（右）位时，系统压力设定为8MPa；电磁阀两线圈都不得电时，系统被设定为10MPa的压力

2.2.2 减压阀

减压阀是一种使阀的出口压力（低于进口压力）保持恒定的压力控制阀。当液压传动系统某一部分的压力要求稳定在比供油压力低的压力上时，一般使用减压阀来实现。减压阀有直动式和先导式之分。直动式较少单独使用，先导式应用较多。

1. 减压阀的结构及工作原理

图 5-2-3（a）所示为先导式减压阀的结构，它同先导式溢流阀相似，其先导阀也是一个小规格的直动式溢流阀，不同的是主阀结构。先导式减压阀的控制压力引自出口。高压油（也称为一次液压油）从进油腔 P_1 进入，经过节流口 d 产生压力降，低压油（也称为二次液压油）从出油腔 P_2 流出；出口液压油一侧经孔 a 和 b 流入主阀芯 9 左端的 c 腔，另一侧经主阀芯上的阻尼孔 e 进入主阀芯 9 右端的 f 腔；主阀芯两端的液压作用力之差与主阀弹簧力平衡。调节先导阀弹簧可以改变主阀右腔的压力，从而对出口压力起调节作用。当出口压力低于阀的调定压力时，先导阀关闭，主阀芯处于最左端，阀口全开，不起减压作用；当出口压力超过阀的调定压力时，主阀芯右移，阀口关小，压力降增大，使出口压力降到调定压力为止，从而维持出口压力基本恒定。

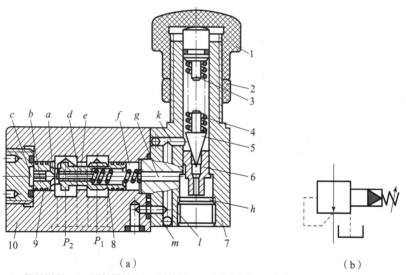

1—调压螺帽；2—锁紧螺母；3—调节杆；4—调压弹簧；5—先导阀芯；6—先导阀座；
7—先导阀体；8—主阀复位弹簧；9—主阀芯；10—主阀体。

图 5-2-3　先导式减压阀的结构和图形符号
（a）结构；（b）图形符号

小知识

先导式减压阀与先导式溢流阀有以下几点不同之处：

1）先导式减压阀保持出口处压力基本不变，而先导式溢流阀保持进口处压力基本不变。

2）不工作时，先导式减压阀进、出油口互通，而先导式溢流阀进、出油口不通。

3）为保证先导式减压阀出口压力调定值恒定，它的先导阀弹簧腔需通过泄油口单独外接油箱；而先导式溢流阀的出油口是与油箱相通的，所以它的先导阀弹簧腔和泄油口可通过阀体上的通道和出油口相通，不必单独外接油箱。

2. 减压阀的作用

定值减压阀在液压传动系统中常用于减压和稳压，如表 5 - 2 - 3 所示。

表 5 - 2 - 3　减压阀的作用

减压回路	特点及应用
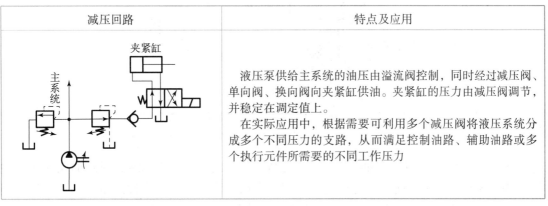	液压泵供给主系统的油压由溢流阀控制，同时经过减压阀、单向阀、换向阀向夹紧缸供油。夹紧缸的压力由减压阀调节，并稳定在调定值上。 在实际应用中，根据需要可利用多个减压阀将液压系统分成多个不同压力的支路，从而满足控制油路、辅助油路或多个执行元件所需要的不同工作压力

1）减压。在液压传动系统中，一个泵常常需要同时向几个执行元件供油，当各执行元件需要的工作压力不同时，就需要分别控制。若某个执行元件需要的供油压力小于泵的供油压力，则在分支油路中串联一个减压阀，降低液压泵出油口的压力，供低压回路使用。起减压作用时，减压阀应用于控制回路、夹紧回路、润滑油路等。

2）稳压。减压阀出口液压油压力比较稳定，可以避免执行元件工作时受到液压油压力波动的影响。

2.2.3　顺序阀

顺序阀实质上是一个由液压油控制其开启的二通阀。当液压油压力达到调定值时，顺序阀的进、出油口相通，液压油经出油口输出。顺序阀常用于控制各执行元件的动作顺序，故称为顺序阀。

1. 顺序阀的结构及工作原理

顺序阀的结构及工作原理与溢流阀相似，不同之处在于溢流阀的出油口接通油箱，顺序阀的出油口则通向二次压力油路，即顺序阀的进、出油口都通液压油，所以它的泄油口必须单独外接油箱；此外，顺序阀闭合时具有良好的密封性能，其阀口的封油长度大于溢流阀，在进油口油压低于调定值时，阀口全封闭，达到调定值时，阀口开启，进、出油口接通，所以它相当于一个压力开关。

图 5 - 2 - 4（a）所示为直动式顺序阀的结构。当进油口油压 p_1 低于调压弹簧的调定压力时，阀芯在弹簧力的作用下处于最下端，阀口关闭，出油口无压力油输出。进油口油压

p_1 达到或超过弹簧的调定压力时，柱塞才有足够的力量克服弹簧力而使阀芯上移，将阀口打开，压力为 p_2 的液压油自出油口输出。图 5 − 2 − 4（b）所示为这种阀的图形符号。

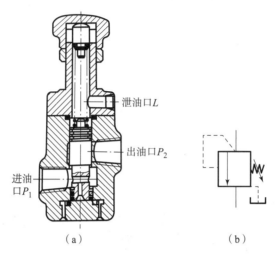

图 5 − 2 − 4 直动式顺序阀的结构和图形符号
(a) 结构；(b) 图形符号

图 5 − 2 − 5（a）所示为先导式顺序阀的结构，其结构与图 5 − 2 − 2 所示的先导式（中压）溢流阀相似，所不同的是先导式顺序阀有专门的泄油口，将先导阀溢出的液压油输到阀外。先导式顺序阀阀芯的启闭原理与先导式溢流阀的相似。图 5 − 2 − 5（b）所示为先导式顺序阀的图形符号。

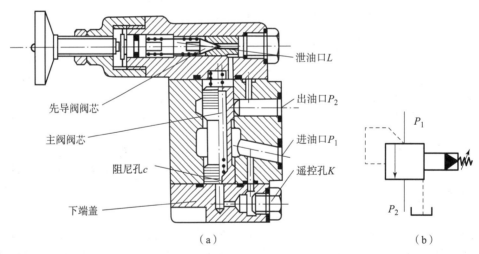

图 5 − 2 − 5 先导式顺序阀的结构和图形符号
(a) 结构；(b) 图形符号

2. 顺序阀的应用

顺序阀在液压传动系统中的应用很广，主要应用如表 5 − 2 − 4 所示。

表 5 – 2 – 4　顺序阀的应用实例

应用	回路图	特点
用于实现多个执行元件的顺序动作	定位缸　夹紧缸	图示为某机床上的一个定位与夹紧回路，其动作顺序是先定位后夹紧；工件加工完时，两缸同时缩回
用于平衡回路	YA2　　YA1	图示为采用单向顺序阀的平衡回路。将单向顺序阀的工作压力调整到大于由工作部件自重而在液压缸下腔形成的压力。液压缸不工作时，单向顺序阀关闭，工作部件不会自动下行。当 YA1 得电时，液压缸上腔通液压油，当下腔背压大于顺序阀的调定压力时，顺序阀开启，由于单向顺序阀的背压作用，活塞得以缓慢下落，不会产生超速现象。当 YA2 得电时，活塞上行。这种回路在活塞下行时功率损失较大，锁住时活塞和工作部件会因单向顺序阀和换向阀的泄漏而缓慢下移，因此，它只适用于工作部件质量不大、活塞锁住时定位要求不高的场合

2.2.4　压力继电器

　　压力继电器是指将液压传动系统的压力信号转换为电信号并输出的元件。它的作用是在液压传动系统中的油压达到一定数值后发出电信号，控制电气元件动作，实现系统的程序控制或安全保护。

1. 压力继电器的结构及工作原理

　　压力继电器按其结构特点可分为柱塞式、弹簧式和膜片式等。其中，柱塞式压力继电器的结构和图形符号如图 5 – 2 – 6 所示，它主要由柱塞 1、顶杆 2、调节螺母 3、微动开关 4 和弹簧 5 等零件组成。

　　压力继电器的控制油口 K 与液压传动系统相通，液压油作用在柱塞的下端。当系统油压力 P 产生的液压油压力大于或等于弹簧力时，柱塞上移推动顶杆压下微动开关触头，接通或断开电气线路；当液压油压力小于弹簧力时，微动开关触头复位。拧动调节螺母，改变弹簧对柱塞作用力的大小，可以调节发出电信号时油的压力数值。

2. 压力继电器的应用

　　采用压力继电器控制液压传动系统比较方便，但由于其灵敏度高，易受系统中压力冲击影响而产生一些误动作，所以它适用于压力冲击比较小的系统，同时要注意一个系统中压力继电器数目不宜过多。为了提高工作可靠性，通常使用延时压力继电器代替普通压力继电

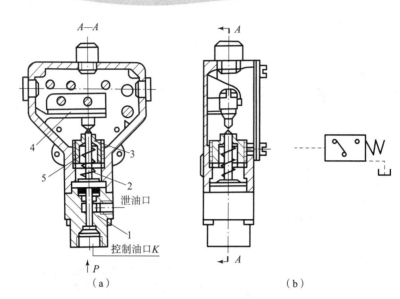

1—柱塞；2—顶杆；3—调节螺母；4—微动开关；5—弹簧
图 5 - 2 - 6　柱塞式压力继电器的结构及图形符号
（a）结构；（b）图形符号

器。压力继电器的应用如表 5 - 2 - 5 所示。

表 5 - 2 - 5　压力继电器的应用

应用	回路图	特点
实现液压缸的顺序动作		当电磁铁 YA1 和 YA2 通电时，液压缸左腔进油，活塞右移，实现快进；当电磁铁 YA2 断电时，实现工进；到达机构终点时，液压油压力升高达到压力继电器调定值，压力继电器发出电信号，使电磁铁 YA1 断电，YA2 通电，液压缸右腔进油，活塞左移，实现快退
实现保压和卸荷		当 YA1 通电时，液压泵向蓄能器和夹紧缸左腔供油，活塞右移；当夹头接触工件时，液压缸左腔压力开始上升，一旦达到压力继电器的开启压力，则表示工件已经夹紧，蓄能器已储备足够的能量，这时压力继电器发出信号，使 YA3 通电，控制溢流阀使液压泵卸荷。如果液压缸有泄漏，油压下降，则可以由蓄能器补油保压。当系统压力降低到压力继电器闭合压力时，压力继电器自动复位，使 YA3 断电，液压泵重新向液压缸和蓄能器供油

溢流阀、减压阀和顺序阀的比较

溢流阀、减压阀和顺序阀之间有许多共同之处，为加深理解和记忆，在此作一比较，如表 5 – 2 – 6 所示。

表 5 – 2 – 6　溢流阀、减压阀和顺序阀的比较

比较内容	溢流阀	减压阀	顺序阀
控制压力	从阀的进油端引液压油去实现控制	从阀的出油端引液压油去实现控制	从阀的进油端或从外部油源引液压油构成内控式或外控式
连接方式	溢流阀的油路与主油路并联，阀出口直接通油箱	串联在减压油路上，出口油到减压部分去工作	当作为卸荷和平衡作用时，出口通油箱；当顺序控制时，出口到工作系统
泄漏的回油方式	泄漏由内部回油箱	外泄回油（设置外泄口）	外泄回油，当作卸荷阀用时为内泄回油
阀芯状态	原始状态阀口关闭，当安全阀用：阀口是常闭状态。当溢流阀、背压阀用：阀口是常开状态	原始状态阀口开启，工作过程也是微开状态	原始状态阀口关闭，工作过程中阀口常开
作用	安全作用；溢流作用	减压、稳压作用	顺序控制作用；卸荷作用；平衡（限速）作用；背压作用

2.3　压力控制基本回路

压力控制基本回路利用压力控制阀来控制液压传动系统中液压油的压力，实现稳压、减压、增压和多级调压等控制，以满足执行元件对力或力矩的要求。

2.3.1　调压回路

在定量泵系统中，液压泵的供油压力可以通过溢流阀来调节。在变量泵系统中，用安全阀来限定系统的最高压力，防止系统过载。当系统中需要两种以上压力时，则可采用多级调压回路。调压回路的特点及应用如表 5 – 2 – 7 所示。

表5-2-7　调压回路的特点及应用

类型	回路	回路描述	特点及应用
单级调压回路		如图所示，调节溢流阀可以改变泵的输出压力。当溢流阀的调定压力确定后，液压泵就在溢流阀的调定压力下工作。节流阀调节进入液压缸的流量，定量泵提供的多余的油经溢流阀流回油箱，溢流阀起定压溢流作用，以保持系统压力稳定，且不受负载变化的影响，从而实现对液压传动系统进行调压和稳压控制	溢流阀并联在定量泵的出口，采用进油口节流调速，与节流阀和单活塞杆液压缸组合构成单级调压回路。该回路为最基本的调压回路，一般用于功率较小的中低压系统。溢流阀的调定压力应该大于液压缸的最大工作压力，其中包含管路上的各种压力损失
多级调压回路	1—溢流阀；2—远程调压阀；3—电磁换向阀。	如图所示，远程调压阀2通过二位二通电磁换向阀3与溢流阀1的遥控口相连。电磁换向阀3断电时，溢流阀1工作，系统压力较高；当二位二通电磁换向阀3接通后，远程调压阀2工作，系统压力降低	该回路通常应用于压力机中，以产生不同的工作压力。注意：溢流阀1的调定压力应该高于远程调压阀2，否则2不起作用

2.3.2　减压回路

当系统压力较高，而局部回路或支路压力要求较低时，可以采用减压回路，如机床液压传动系统中的定位、夹紧回路，以及液压元件的控制油路等，它们往往要求比主油路较低的压力。减压回路较为简单，一般是在所需低压的支路上串接减压阀。采用减压回路虽能方便地获得某支路稳定的低压，但压力油经减压阀口时要产生压力损失。减压回路的特点及应用如表5-2-8所示。

表5-2-8　减压回路的特点及应用

类型	回路	回路描述	特点及应用
单级减压回路	1—高压液压源；2—减压阀；3—单向阀；4—电磁阀；5—液压缸；6—溢流阀。	高压液压源1的压力由溢流阀6调定。除了供给主工作回路的压力油外，还经过减压阀2、单向阀3及电磁阀4进入液压缸5。根据工作负载的不同，可通过调节减压阀来调节液压缸5的工作压力	减压阀2调定压力要在0.5MPa以上，但要比溢流阀6的调定压力至少低0.5MPa，这样可使减压阀出口压力保持在一个稳定的范围内。单向阀3的作用是：当主油路压力降低（低于阀2设定值）时，可以防止液压油倒流，起短时保压作用

类型	回路	回路描述	特点及应用
多级减压回路		在同一液压源供油的系统里可以设置多个不同工作压力的减压回路，各支路减压阀的调定压力均小于溢流阀的调定压力	各支路减压阀的调定压力和负载相适应，适用于需要不同工作压力的系统，节约成本，如可用于压力机中对不同试件同时试验

2.3.3 增压回路

如果系统或系统的某一支油路需要压力较高但流量又不大的液压油，而采用高压泵又不经济，或者根本就没有必要增设高压力液压泵，就采用增压回路，这样不仅易于选择液压泵，而且系统工作较可靠、噪声小。增压回路还可以提高系统中某一支路的工作压力，以满足局部工作机构的需要。增压回路的特点及应用如表 5 – 2 – 9 所示。

表 5 – 2 – 9 增压回路的特点及应用

类型	回路	回路描述	特点及应用
单作用增压回路	1—换向阀；2—顺序阀；3—单向顺序阀；4—增压缸；5—单向阀；6—液控单向阀；7—工作缸。	在左图所示的回路中，当换向阀1在左位工作时，液压油经换向阀1、液控单向阀6进入工作缸7的上腔，下腔液压油经单向顺序阀3和换向阀1回油箱，活塞下行	当负载增加、液压油压力升高时，液压油打开顺序阀2进入增压缸4的左腔推动活塞右行，增压缸右腔便输出高压油进入工作缸的上腔而增大其活塞推力
双作用增压回路	高压油输出 1，2，3，4—单向阀；5，6—行程开关。	在左图所示位置，液压泵输出的液压油进入大缸右腔和右端的小腔，大缸左腔液压油经换向阀回油箱，活塞左移。左端小腔增压后的液压油经单向阀4输出，此时单向阀3和2均关闭。当活塞触动行程开关6使换向阀换向时，活塞开始右移，右端小腔的液压油增压后经单向阀3输出	单作用增压缸只能断续供给高压油，若要连续输出高压油，可采用左图所示的双作用增压缸的增压回路。这样，采用电气控制的换向回路便可获得连续输出的高压油

99

2.3.4 卸压回路

为使高压大容量液压缸中储存的能量缓慢释放，以免在突然释放时产生很大的液压冲击，可采用卸压回路。一般在液压缸的直径较大、压力较高时，其高压油腔在排油前就需释压，如压力机液压传动系统。卸压回路的特点及应用如表 5 – 2 – 10 所示。

表 5 – 2 – 10 卸压回路的特点及应用

类型	回路	回路描述	特点及应用
溢流阀卸压回路	 （图）50%	溢流阀卸压回路如左图所示。工作行程结束后，换向阀先切换至中位，使泵卸荷；同时溢流阀的外控口通过节流阀和单向阀通油箱，因而溢流阀开启使液压缸上腔卸压	调节节流阀即可调节溢流阀的开启速度，也就调节了液压缸的卸压速度。溢流阀的调定压力应大于系统的最高工作压力，因此溢流阀也起安全阀的作用
节流阀卸压回路	 （图）50%	节流阀卸压回路如左图所示。当工作行程结束时，换向阀先切换至中位，使泵卸荷，同时液压缸上腔通过节流阀卸压	压力降至压力继电器调定的压力时，微动开关复位发出信号，使电磁换向阀切换至右位，液压油打开液控单向阀，液压缸上腔回油，活塞上升

2.3.5 保压回路

执行元件在工作循环的某一阶段内，若需要保持规定的压力，就应采用保压回路。保压有泵保压和执行元件保压两种。在系统工作中，保持泵出口压力为溢流阀限定压力的为泵保压；当执行元件既要使工作腔维持一定压力，又停止运动时，即执行元件保压。例如，压力机校直弯曲的工件时，要以校直时的压力继续压制工件一段时间，以防止工件弹性恢复。这种情况应采用执行元件保压回路。保压回路的特点及应用如表 5 – 2 – 11 所示。

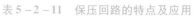
表 5–2–11　保压回路的特点及应用

类型	回路	回路描述	特点及应用
蓄能器保压回路	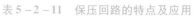	当电磁铁 YA1 通电时，泵向液压缸左腔和蓄能器同时供油，并推动活塞右移；当接触工件时，系统压力升高；当压力升至压力继电器调定值时，YA3 通电，通过先导式溢流阀使泵卸荷，此时液压缸中液压油压力由蓄能器保压	液压缸压力不足时，压力继电器复位使泵重新工作；保压时间的长短取决于蓄能器的容量；调节压力继电器的工作区间，即可调节缸中压力的最大值和最小值
泵保压回路	1—低压大流量泵； 2—高压小流量泵； 3—溢流阀；4—卸荷阀。	如左图所示，当系统压力较低时，低压大流量泵 1 和高压小流量泵 2 同时向系统供油；系统压力升高到卸荷阀 4 的调定压力时，低压大流量泵 1 卸荷。此时高压小流量泵 2 使系统压力保持为溢流阀 3 的调定值	高压小流量泵 2 的流量只需略高于系统的泄漏量，以减小系统发热量；也可采用限压式变量泵来保压，它在保压期间仅输出少量足以补偿系统泄漏的液压油，效率较高
利用换向阀中位机能的保压回路		对于保压时间不长而保压压力较高的系统可采用中位机能为 M 型的三位四通换向阀保持液压缸工作腔压力，同时采用泵卸荷的措施	如左图所示，该保压回路具有执行元件保压和泵卸荷的双重功能。在这种回路中，随着换向阀阀芯的磨损，其保压性能会下降

2.3.6　平衡回路

为了防止立式液压缸及其工作部件因自重而自行下滑，或在下行运动中由于自重而造成失控超速的不稳定运动，可在液压传动系统中设置平衡回路，即在立式液压缸下行的回路上增设适当的阻力，以平衡自重。平衡回路的特点及应用如表 5–2–12 所示。

表 5-2-12　平衡回路的特点及应用

类型	回路	回路描述	特点及应用
单向顺序阀的平衡回路		左图所示回路为采用单向顺序阀的平衡回路。当电磁换向阀切换至左位时，活塞下行，回油路上就存在一定的背压；只要将这个背压调得能支撑住活塞和与之相连工作部件的自重，活塞就可以平稳地下落。当换向阀处于中位时，由于在液压缸的下腔油路上加设了一个平衡阀（即单向顺序阀），液压缸下腔形成了一个与液压缸运动部分重力相平衡的压力，所以可防止其因自重而下滑	该回路只适用于工作部件质量不大、活塞锁住时定位要求不高的场合。这种回路当活塞向下快速运动时功率损失大，锁住时活塞和与之相连的工作部件会因单向顺序阀和换向阀的泄漏而缓慢下落
液控单向阀的平衡回路		当换向阀右位工作时，液压缸下腔进油，液压缸上升至终点；当换向阀处于中位时，液压泵卸荷，液压缸停止运动，由液控单向阀锁紧；当换向阀左位工作时，液压缸上腔进油，当液压缸上腔压力足以打开液控单向阀时，液压缸才能下行	液压缸下腔的回油由节流阀限速，由于液控单向阀泄漏量极小，故其闭锁性能较好

 实践活动

活动 1：调压回路。

项目	单级调压回路	二级调压回路
实践目的与要求	1）熟悉实训装置、液压元件、管路、电气控制回路等的连接、固定方法和操作规则。 2）掌握溢流阀的工作原理及其在液压传动系统中的应用。 3）了解常见调压回路的构成，并掌握其回路的特点	
工作原理	如下图所示，通过液压泵 1 和溢流阀 2 的并联连接，即可组成单级调压回路。调节溢流阀的压力，可以改变泵的输出压力。溢流阀的调定压力确定后，液压泵就在溢流阀的调定压力下工作，从而实现对液压传动系统进行调压和稳压控制	下图所示为典型二级调压回路。该回路可实现两种不同的系统压力控制，由先导式溢流阀 4 和直动式溢流阀 2 各调一级。当二位三通电磁换向阀 3 处于图示位置时，系统压力由溢流阀 4 调定。当溢流阀 3 得电后换位时，系统压力由溢流阀 2 调定，这时液压泵的溢流流量经溢流阀 4 回油箱，溢流阀 2 亦处于工作状态，并有液压油通过

项目	单级调压回路	二级调压回路
液压控制图	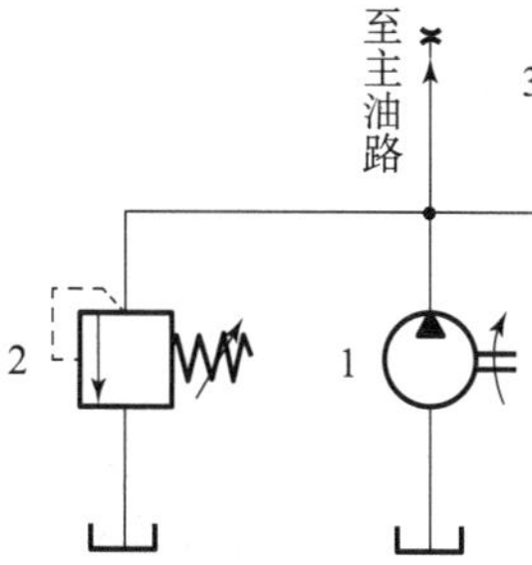 1—液压泵；2—直动式溢流阀； 3—耐震压力表	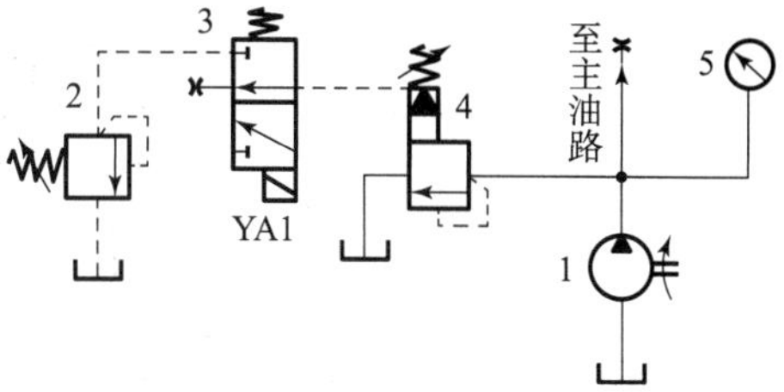 1—液压泵；2—直动式溢流阀； 3—二位三通电磁换向阀；4—先导式溢流阀； 5—耐震压力表
参考步骤	1）根据图示选用实训设备和元件，并将液压元件合理布局于铝合金型材操作面板上，用液压胶管连接液压回路。 2）将溢流阀 2 调节手柄逆时针旋松，按下"启动"按钮，将"油泵系统压力"旋钮旋至"加载"状态。 3）先旋紧溢流阀 2 调节手柄再旋松，重复操作几次，观察耐震压力表 3 的示值变化情况。 4）将"油泵系统压力"旋钮调至"卸荷"状态，按下"停止"按钮。 5）拆卸所搭接的液压回路，并将液压元件、液压胶管等整理归位	1）根据图示选用实训设备和元件，并将液压元件合理布局于铝合金型材操作面板上，用液压胶管连接液压回路，用专用电气实训导线连接电气控制回路。 2）将溢流阀 4 调节手柄逆时针旋松，按下"启动"按钮，将"油泵系统压力"旋钮旋至"加载"状态。 3）调节溢流阀 4 调节手柄，同时观察耐震压力表的示值变化情况。在示值为 4MPa 时，使 YA1 得电，调节溢流阀 2 调节手柄，同时观察耐震压力表 5 示值的变化情况。 4）将"油泵系统压力"旋钮调至"卸荷"状态，按下"停止"按钮。 5）拆卸所搭接的液压回路，并将液压元件、液压胶管等整理归位

活动 2：平衡回路。

项目	顺序阀的平衡回路	单向节流阀和液控单向阀平衡回路
实践目的与要求	1）掌握顺序阀、单向阀的工作原理及其在液压传动系统中的应用。 2）了解平衡回路的构成及特点。 3）平衡回路的功能在于防止垂直或倾斜放置的液压缸和与之相连的工作部件因自重而自行下落	
工作原理	如下图所示，将单向顺序阀 4 设置在承重液压缸下行的回油路上，产生一定背压，只要将这个背压调得能支撑住活塞和与之相连工作部件的自重，活塞就可以在停泵基本不下落。当 YA2 得电时，活塞下降；当换向阀 3 处于中位时，活塞就停止运动，不再继续下移；当 YA1 得电时，活塞上升	下图所示为单向节流阀 5 限速、液控单向阀 4 锁紧的平衡回路。液压缸活塞下降时，单向节流阀处于节流限速工作状态；当泵突然停止转动或换向阀 3 突然停在中位时，液压缸下腔油压力升高，液控单向阀 4 关闭，使液压缸下腔不能回油，从而使机构锁住

项目	顺序阀的平衡回路	单向节流阀和液控单向阀平衡回路
液压 控制图	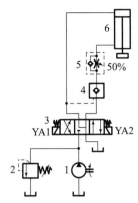 1—液压泵；2—直动式溢流阀；3—三位四通电磁换向阀（O 型）；4—单向顺序阀；5—耐震压力表；6—双作用单活塞杆液压缸	1—液压泵；2—直动式溢流阀；3—三位四通电磁换向阀（Y 型）；4—液控单向阀；5—单向节流阀；6—双作用单活塞杆液压缸
参考步骤	1. 顺序阀的平衡回路 1）将系统压力调至 4MPa。 2）根据上图选用实训设备和元件，并将液压元件合理布局于铝合金型材操作面板上，用液压胶管连接液压回路，用专用电气实训导线连接电气控制回路。 3）将溢流阀 2 调节手柄逆时针旋松，将顺序阀 4 顺时针调紧，按下"启动"按钮，将"油泵系统压力"旋钮旋至"加载"状态。 4）顺时针调紧溢流阀 2 调节手柄，使系统压力表示值为 4MPa，使 YA2 得电时，逐渐旋松顺序阀 4 调节手柄，观察液压缸 6 的运行情况及压力表 5 的示值变化。 5）在液压缸活塞杆伸出过程中，按下使 YA1 得电的按钮，观察压力表 5 的示值变化。 6）使换向阀处于中位时，分别观察液压缸 6 的运行情况及压力表 5 的示值变化。 7）将"油泵系统压力"旋钮旋至"卸荷"状态，按下"停止"按钮，拆卸所搭接的液压回路，并将液压元件、液压胶管等整理归位	（根据实训原理，试自己制定实训方案，完成单向节流阀和液控单向阀平衡回路实训）

实践活动工作页

姓名：_____ 学号：_____ 日期：_____

实践内容：

过程记录：

出现的问题及解决方法：

实践心得：

小组评价		教师评价	

知识点 3 流量控制阀及速度控制基本回路

流量控制阀是系统中控制流量的液压阀，通过调节速度控制阀面积来控制流经阀的流量，从而实现对执行元件运动速度的调节或改变分支的流量。液压传动系统中用以控制调节执行元件运动速度的回路，称为速度控制回路。速度控制是液压传动系统的核心部分之一，其工作性能对整个系统性能起着决定性的作用。

3.1 概述

3.1.1 流量控制原理

节流阀节流口通常有三种基本形式：薄壁小孔、细长小孔和厚壁小孔。但无论节流口采用何种形式，通过节流口的流量 q 及其前后压力差 Δp 的关系均可用 $q = KA\Delta p^m$ 来表示，三种节流口的流量特性曲线如图 5-3-1 所示。由图 5-3-1 可知：

1）压差对流量的影响。节流阀两端压差 Δp 变化时，通过它的流量要发生变化，三种结构形式的节流口中，通过薄壁小孔的流量受到压差改变的影响最小。

2）温度对流量的影响。油温影响到液压油黏度，对于细长小孔，油温变化时，流量也会随之改变；对于薄壁小孔，黏度对流量几乎没有影响，故油温变化时，流量基本不变。

3）节流口的堵塞。节流阀的节流口可能因液压油中的杂质或由于液压油氧化后析出的胶质、沥青等而局部堵塞，这就改变了原来节流口通流面积的大小，使流量

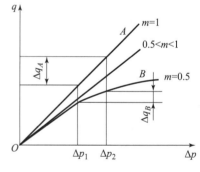

图 5-3-1 节流口的流量
特性曲线

发生变化，尤其是当开口较小时，这一影响更为突出，严重时会完全堵塞而出现断流现象。因此节流口的抗堵塞性能也是影响流量稳定性的重要因素，尤其会影响流量阀的最小稳定流量。一般节流口通流面积越大、节流通道越短和水流直径越大，越不容易堵塞；当然，液压油的清洁度也对堵塞产生影响。一般流量控制阀的最小稳定流量为 0.05L/min。

3.1.2 常用的节流口形式

为保证流量稳定，节流口的形式以薄壁小孔较为理想。表 5-3-1 所示为几种常用的节流口形式和其特点介绍。

表 5 – 3 – 1　常用的节流口形式及其特点介绍

节流口形式	特　点
	为针阀式节流口，其通道长，易堵塞，流量受油温影响较大，一般用于对性能要求不高的场合
	为偏心槽式节流口，其性能与针阀式节流口相同，但容易制造，其缺点是阀芯上的径向力不平衡，旋转阀芯时较费力，一般用于压力较低、流量较大和流量稳定性要求不高的场合
	为轴向三角槽式节流口，其结构简单，水流直径中等，可得到较小的稳定流量，且调节范围较大，但节流通道有一定的长度，油温变化对流量有一定的影响，目前被广泛应用
	为周向缝隙式节流口，沿阀芯周向开有一条宽度不等的狭槽，转动阀芯就可改变开口大小。阀口做成薄刃形，通道短，水流直径大，不易堵塞，油温变化对流量影响小，因此其性能接近于薄壁小孔，适用于低压小流量场合
	为轴向缝隙式节流口，在阀孔的套筒上加工出图示薄壁阀口，阀芯做轴向移动即可改变开口大小。为保证流量稳定，节流口的形式以薄壁小孔较为理想

3.1.3　流量控制阀的要求

在液压传动系统中节流元件与溢流阀并联于液压泵的出口，构成恒压油源，使泵出口的压力恒定，如图 5 – 3 – 2（a）所示；此时节流阀和溢流阀相当于两个并联的液阻，液压泵输出流量不变，流经节流阀进入液压缸的流量 q_1 和流经溢流阀的流量 Δq 的大小由节流阀和溢流阀液阻的相对大小来决定。若节流阀的液阻大于溢流阀的液阻，则 $q_1 < \Delta q$；反之，则 $q_1 > \Delta q$。节流阀是一种可以在较大范围内以改变液阻来调节流量的元件。因此可以通过调节节流阀的液阻来改变进入液压缸的流量，从而调节液压缸的运动速度；但若在回路中仅有节流阀而没有与之并联的溢流阀［图 5 – 3 – 2（b）］，则节流阀就起不到调节流量的作用。液压泵输出的液压油全部经节流阀进入液压缸。改变节流阀节流口的大小，只是改变液压油流经节流阀的压力降。节流口小，流速快，节流口大，流速慢，而总的流量是不变的，因此液压缸的运动速度不

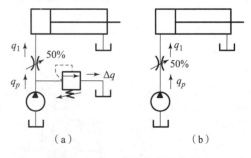

图 5 – 3 – 2　节流元件的作用

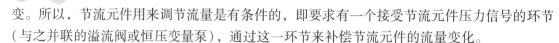

变。所以，节流元件用来调节流量是有条件的，即要求有一个接受节流元件压力信号的环节（与之并联的溢流阀或恒压变量泵），通过这一环节来补偿节流元件的流量变化。

液压系统对流量控制阀的主要要求有：

1）较大的流量调节范围，且流量调节要均匀。

2）当阀前后压力差发生变化时，通过阀的流量变化要小，以保证负载运动的稳定性。

3）油温变化对通过阀的流量影响要小。

4）液流通过全开阀时的压力损失要小。

5）当阀口关闭时，阀的泄漏量要小。

3.2　流量控制阀

流量控制阀是指靠改变工作开口（节流口）的大小来调节通过阀口的流量，以改变执行机构（液压缸或液压马达）运动速度的液压元件，简称流量阀。流量控制阀可分为节流阀、调速阀、行程减速阀和限速切断阀等。

3.2.1　节流阀

1. 普通节流阀和单向节流阀

普通节流阀和单向节流阀的工作原理，见表 5 - 3 - 2。

表 5 - 3 - 2　普通节流阀和单向节流阀的工作原理

类型	结构与图形符号	工作原理
普通节流阀	1—手柄；2—推杆；3—阀芯；4—弹簧	左图所示为普通节流阀的结构（节流口形式是轴向三角槽式）和图形符号。压力油从进油口 P_1 流入，经孔道 b 和阀芯 3 右端的节流沟槽进入孔 a，再从出油口 P_2 流出。调节流量时可以转动手柄 1，利用推杆 2 使阀芯 3 做轴向移动，弹簧 4 的作用是使阀芯 3 始终向左压紧在推杆 2 上。左图所示为普通节流阀的图形符号。这种节流阀结构简单，制造容易，体积小，但负载和温度的变化对流量的稳定性影响较大，因此只适用于负载和温度变化不大或速度稳定性要求较低的液压传动系统
单向节流阀		左图所示为单向节流阀的结构和图形符号。当液压油从 P_2 进入时，阀芯被压下，液压油流往油口 P_1，起单向阀作用；当液压油从 P_1 进入时，液压油经过阀芯上的三角槽节流口从 P_2 流出，旋动手柄即可改变阀芯的轴向位置，使节流口开度改变，从而调节流量

2. 节流阀的压力特性

图 5-3-3（a）所示液压传动系统未装节流阀，若推动活塞前进所需最低工作压力为 1MPa，则当活塞前进时，压力表指示的压力为 1MPa。在液压系统中安装节流阀，控制活塞的前进速度，如图 5-3-3（b）所示。当活塞前进时，节流阀与溢流阀并联于液压泵的出口，节流阀入口压力会上升到溢流阀所调定的压力，溢流阀被打开，一部分液压油经溢流阀流入油箱，构成恒压油源，使泵出口的压力恒定，液压泵输出流量不变，是流经节流阀进入液压缸的流量和流经溢流阀的流量之和。由此可见，通过调节节流阀的液阻，可改变进入液压缸的流量，从而调节液压缸的运动速度，多余的液压油经溢流阀流回油箱。但若在回路中仅有节流阀而没有与之并联的溢流阀［图 5-3-3（c）］，则节流阀就起不到调节流量的作用。液压泵输出的液压油全部经节流阀进入液压缸。改变节流阀节流口大小，只是改变液流流经节流阀的压力降。节流口小，流速快；节流口大，流速慢，而总的流量是不变的，因此液压缸速度不变。所以，节流元件用来调节流量是有条件的，即要有一个接受节流元件压力信号的环节（有与之并联的溢流阀或恒压变量泵），通过这一环节来补偿节流元件的流量变化。

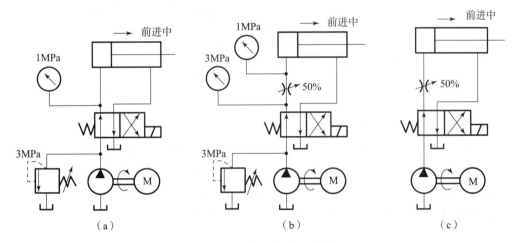

图 5-3-3　节流阀的压力特征

（a）未安装节流阀；（b）安装节流阀，控制活塞的前进速度；
（c）仅有节流阀，没有溢流阀

3.2.2　调速阀

要想避免负载压力变化对阀流量的影响，应设法保证在负载变化时节流口前后压差不变。调速阀就是根据这一设想而被研究出来的。常用的节流口形式如表 5-3-3 所示。

调速阀与节流阀的流量特性（q 与 Δp 之间的关系）曲线，如图 5-3-4 所示。由图中曲线可以看出，节流阀的流量随其进出口压差的变化而变化；调速阀在其进出口压差大于一定值后，流量基本不变。但在调速阀进出口压差很小时，定差减压阀阀芯被弹簧推至最右端，减压口全

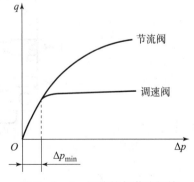

图 5-3-4　调速阀与节流阀的
流量特性曲线

部打开，不起减压作用，此时调速阀流量特性与节流阀相同（曲线重合部分）。所以要保证调速阀正常工作，应使其进出口最小压差 $\Delta p_{\min} > 0.5\mathrm{MPa}$。

表 5 - 3 - 3　常用的节流口形式

类型	结构与图形符号	工作原理	应用
调速阀	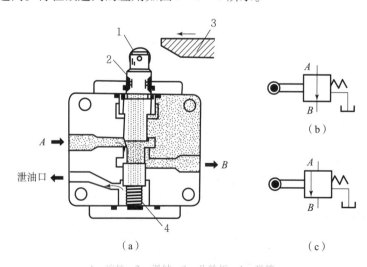 1—定差减压阀；2—节流阀	由定差减压阀和节流阀串联组成，液压油自调速阀进口 P_1 进入减压阀，进口压力为 p_1，经减压后压力降为 p_2，再进入节流阀，节流后压力为 p_3（即调速阀出口压力）；又经阀体上的孔 a 作用到减压阀的上腔 b，当定差减压阀的阀芯在弹簧力 F_s、液压油压力 p_2 和 p_3 作用下处于某一平衡位置时，由于定差减压阀的弹簧刚度很小，可以认为 F_s 基本保持不变。故节流阀两端压差 $p_2 - p_3$ 也基本保持不变，这就保证了通过节流阀的流量稳定	和节流阀一样，调速阀也用于定量泵液压系统中，与溢流阀配合组成节流调速系统，以控制执行元件的运动速度。由于其流量与负载变化无关，因此调速阀适用于执行元件的负载变化大而运动速度稳定性又要求较高的节流调速系统

3.2.3　行程减速阀

一般的加工机械，如车床、铣床，其刀具尚未接触工件时，需快速进给以节省时间，开始切削后则应慢速进给，以保证加工质量；液压缸前进时，由于本身冲力过大，需要在行程的末端使其减速，以便液压缸能停止在正确的位置上。这两种情况均需要使用如图 5 - 3 - 5 所示的行程减速阀。行程减速阀的应用如图 5 - 3 - 6 所示。

1—滚轮；2—滑轴；3—凸轮板；4—弹簧。

图 5 - 3 - 5　行程减速阀的结构及其相关图形符号

（a）常开型结构；（b）常开型图形符号；（c）常闭型图形符号

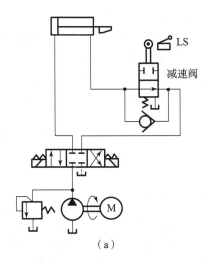

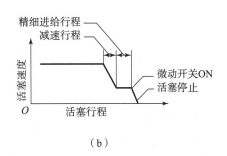

（a）　　　　　　　　　　　　（b）

图 5 - 3 - 6　行程减速阀的应用

（a）回路；（b）特性曲线

3.2.4　限速切断阀

在液压举升系统中，为防止意外情况发生时由于负载自重而超速下落，常设置一种当管路流量超过一定值时自动切断油路的限速切断阀。图 5 - 3 - 7 所示为限速切断阀的结构。图中，锥阀 2 上有固定节流孔，其数量及孔径由所需的流量确定。锥阀 2 在弹簧 3 的作用下由挡圈 4 限位，锥阀口开至最大。当流量增大，固定节流孔两端压差作用在锥阀上的力超过弹簧预调力时，锥阀

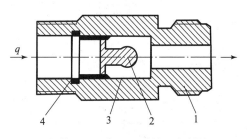

1—阀体；2—锥阀；3—弹簧；4—挡圈

图 5 - 3 - 7　限速切断阀的结构

开始向右移动。当流量超过一定值时，锥阀完全关闭，使液流切断。反向作用时该阀无限流作用。限速切断阀的典型应用例子是液压升降平台，用于防止液压缸油管路破裂等意外情况发生时平台因自重急剧下降而引发的事故。

3.3　速度控制基本回路

速度控制基本回路是调节和变换执行元件运动速度的回路。它包括调速回路、快速运动回路和速度换接回路。

3.3.1　调速回路

在不考虑液压油可压缩性和泄漏的情况下，液压缸的运动速度 v 由进入（或流出）液压缸的流量 q 和液压缸的有效作用面积 A 决定，即 $v = q/A$；液压马达的转速 n 由输入液压马达的流量 q 和马达的单转排量 V_M 决定，即 $n = q/V_M$。要想调节 v 或 n，可用改变输入液压缸或液压马达的流量 q，或改变马达的排量 V_M 的方法来实现。因此，调速回路主要有节流调速回路、容积调速回路及容积节流调速回路三种方式。

1. 节流调速回路

节流调速回路是用定量泵供油，采用流量控制阀调节执行元件的流量，实现速度调节的回路。节流调速回路按照流量阀安装位置的不同，又分为进油路节流调速回路、回油路节流调速回路和旁油路节流调速回路三种，其特点及应用如表5-3-4所示。

表5-3-4 节流调速回路的特点及应用

类型	回路	回路描述	特点及应用
进油路节流调速回路		换向阀处于左位，活塞杆向右运动，流入液压缸的流量由调速阀调节，进而达到调节液压缸速度的目的；换向阀处于右位，活塞杆向左快速退回，回油经节流阀的单向阀流回油箱	液压泵输出的多余液压油经溢流阀流回油箱。回路效率低，功率损失大，油容易发热，只能单向调速。对速度平稳性要求较高时，节流阀可以换成调速阀
回油路节流调速回路		节流阀安装在液压缸的回油路上，改变节流口的大小来控制流量，实现调速。在液压缸回油腔有背压，可以承受阻力载荷（负载作用方向与活塞运动方向相反），且动作平稳。液压缸的工作压力由溢流阀的调定压力决定	当液压缸的负载突然减小时，节流阀的阻尼作用，可以减小活塞前冲的现象。可用于低速运动的场合，如多功能棒料折弯机的左右折弯液压缸的调速回路，无内胎铝合金车轮气密性检测机构的升降缸、夹紧缸回路
旁油路节流调速回路		这种回路把节流阀接在与执行元件并联的旁油路上。通过调节节流阀的通流面积 A，控制定量泵流回油箱的流量，调节进入液压缸的流量，实现调速。溢流阀做安全阀用，正常工作时关闭，过载时打开，其调定压力为最大工作压力的1.1~1.2倍。在工作过程中，定量的压力随负载而变化	本回路的速度负载特性很软，低速承载能力差，应用比前两种回路少，只适用于高速、重载、对速度平稳性要求不高的较大功率系统，如牛头刨床主运动系统、输送机械液压传动系统等

2. 容积调速回路

通过改变变量泵的流量或改变液压马达的排量来调节执行元件运动速度的回路称为容积调速回路。容积调速回路有变量泵与液压缸、变量泵与定量液压马达、定量泵与变量液压马达三种调速形式，其特点及应用如表5-3-5所示。

表5-3-5 容积调速回路的特点及应用

类型	回路	回路描述	特点及应用
变量泵与液压缸组成的容积调速回路	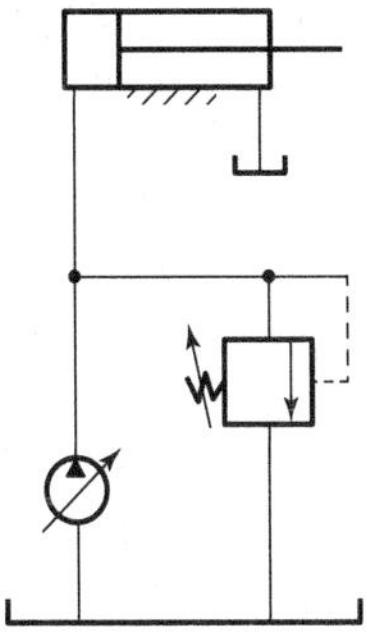	如左图所示，液压泵输出的液压油全部进入液压缸，推动活塞运动。调节变量泵转子与定子间的偏心量（单作用叶片泵或径向柱塞泵）或倾斜角（轴向柱塞泵），以改变输油量的大小，就可改变活塞运动的速度。系统中的溢流阀起安全保护作用，在系统过载时才打开溢流，从而限定系统的最高压力	当溢流阀的调定压力不变时，在调速范围内，液压缸的最大输出推力是不变的。即液压缸的最大推力与泵的排量无关，不会因调速而发生变化。故此回路又称为恒推力调速回路。而最大输出功率是随速度的上升而增加的
变量泵与定量液压马达组成的容积调速回路	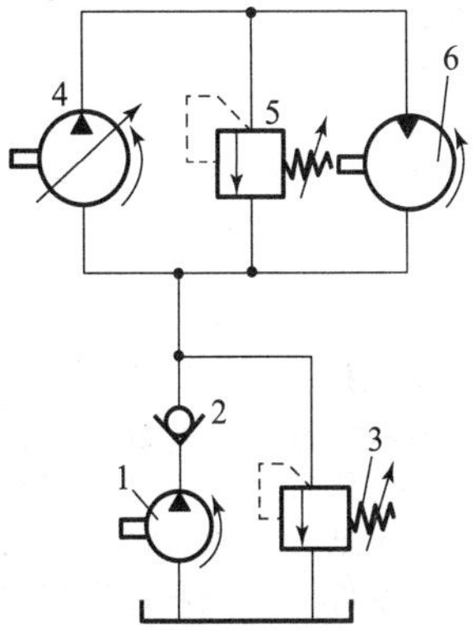 1—补油泵；2—单向阀；3、5—溢流阀；4—补偿泵；6—定量液压马达。	改变变量泵的排量即可调节液压马达的转速。图中的溢流阀5起安全阀作用，用于防止系统过载；单向阀2用来防止停机时液压油倒流入油箱和空气进入系统，为了补偿泵4和定量液压马达6的泄漏，增加了补油泵1。补油泵1将冷却后的液压油送入回路，而从溢流阀3溢出回路中的热油进入油箱冷却。补油泵的工作压力由溢流阀3来调节	当溢流阀5的调定压力不变时，在调速范围内，执行元件（定量液压马达6）的最大输出转矩是不变的。即马达的最大输出转矩与泵的排量无关，不会因调速而发生变化。故此回路又称为恒转矩调速回路。最大输出功率是随速度的上升而增加的
定量泵与变量液压马达组成的容积调速回路	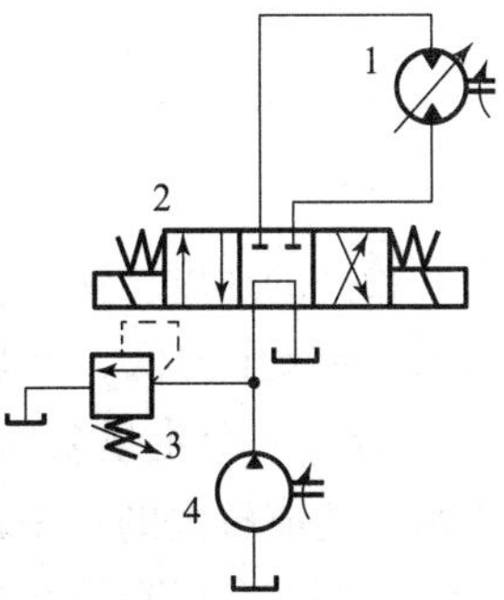 1—变量液压马达；2—换向阀；3—安全阀；4—定量泵。	此回路为开式回路，由定量泵4、变量液压马达1、安全阀3、换向阀2组成；此回路是通过调节变量液压马达的排量来改变马达的输出转速，从而实现调速的	此回路输出功率不变，故又称"恒功率调速回路"

3. 容积节流调速回路

容积节流调速回路是由变量泵和节流阀或调速阀组合而成的一种调速回路。它保留了容积调速回路无溢流损失、效率高和发热少的长处，同时它的负载特性与单纯的容积调速相比得到提高和改善。表5-3-6介绍了两种容积节流调速回路的特点及应用。

表 5 - 3 - 6　两种容积节流调速回路的特点及应用

类型	回路	回路描述	特点及应用
限压式变量泵与调速阀容积节流调速回路	 1—变量泵；2—三位四通换向阀；3—调速阀；4—液压缸。	调节调速阀 3 节流口的开口大小，就可以改变进入液压缸的流量，从而改变液压缸活塞的运动速度。如果变量泵 1 的流量大于调速阀调定的流量，由于系统中没有设置溢流阀，多余的液压油没有排油通路，所以势必使变量泵和调速阀之间油路的液压油压力升高，但是当限压式变量泵的工作压力增大到预先调定的数值时，泵的流量会随工作压力的升高而自动减小。变量泵的输出流量自动与液压缸所需流量相适应	在这种回路中，泵的输出流量与通过调速阀的流量是相适应的，回路没有溢流损失，因此效率高、发热量小。同时，采用调速阀，液压缸的运动速度基本不受负载变化的影响，即使在较低的运动速度下工作，运动也较稳定。该回路广泛应用于负载变化不大的中、小功率组合机床的液压传动系统中
差压式变量泵与调速阀容积节流调速回路	1—溢流阀；2—背压阀；3，5—调速阀；4—压差式变量叶片泵。	调速回路由差压式变量泵和调速阀组成。当液压缸运动时，速度由调速阀 5 调定，差压式变量泵的流量自动与液压缸速度相适应，系统压力随载荷变化而变化	系统效率高，适用于对速度稳定性要求较高的场合，背压阀 2 用来提高输出速度的稳定性

3.3.2　快速运动回路

在工作部件的工作循环中，往往只有部分工作时间要求有较高的速度。例如，机床的快进→工进→快退的自动工作循环。在快进和快退时，负载轻，要求压力低、流量大；工进时，负载大、速度低，要求压力高、流量小。在这种情况下，若用一个定量泵向系统供油，则慢速运动时将使液压泵输出的大部分流量从溢流阀流回油箱，造成较大的功率损失，并使油温升高。为了克服低速运动时出现的问题，又满足快速运动的要求，可在系统中设置快速运动回路。表 5 - 3 - 7 介绍了几种快速运动回路的特点及应用。

3.3.3　速度换接回路

设备的工作部件在实现自动循环的工作过程中，往往需要进行速度转换，如从快进转为工进、从第一种工进转为第二种工进等；并且，在速度换接过程中，尽可能不产生前冲现象，以保持速度换接平稳。表 5 - 3 - 8 介绍了几种速度换接回路的特点及应用。

表 5 – 3 – 7　几种快速运动回路的特点及应用

类型	回路	回路描述	特点及应用
液压缸差动连接的快速运动回路	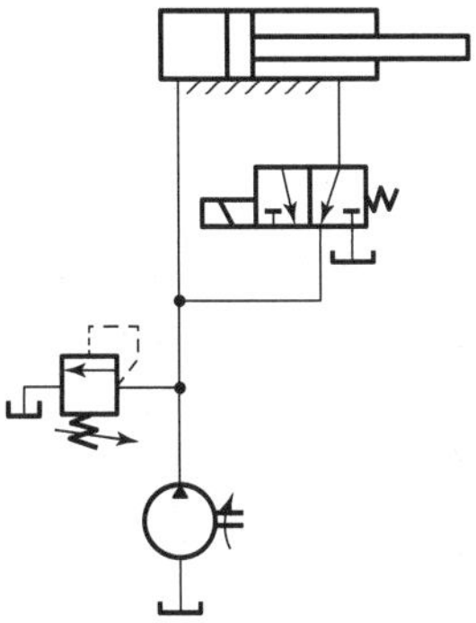	左图所示的快速运动回路是利用液压缸的差动连接来实现的。当电磁铁吸合，二位三通电磁换向阀处于左位时，液压缸回油直接回油箱，此时，执行元件可以承受较大的负载，运动速度较低。当电磁铁断电时，二位三通电磁换向阀处于右位，液压缸形成差动连接，液压缸的有效工作面积实际上等于活塞杆的面积，从而实现了活塞的快速运动	当液压缸无杆腔有效工作面积等于有杆腔有效工作面积的两倍时，差动快进的速度等于非差动快退的速度，这种回路比较简单、经济。可以选择流量规格小一些的泵，效率得到提高，因此应用较多
采用蓄能器的快速运动回路	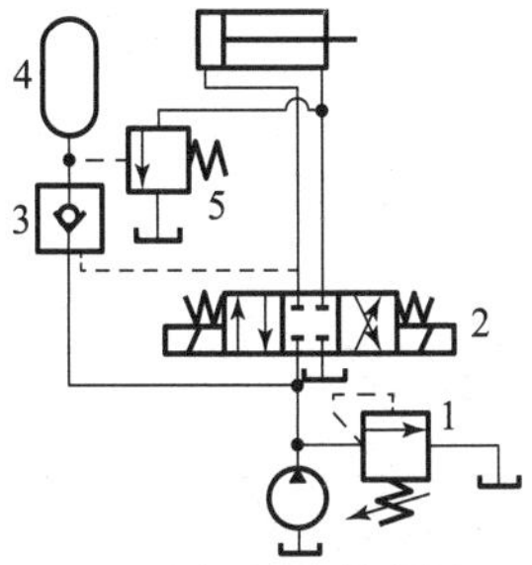 1—溢流阀；2—换向阀；3—液控单向阀；4—蓄能器；5—卸荷阀	换向阀 2 处于左位，液控单向阀 3 打开，泵经过换向阀 2，蓄能器 4 经液控单向阀 3，同时向液压缸左腔供油，活塞快速向右移动，若换向阀 2 切换到右位，活塞向左退回，并通过单向阀 3 向蓄能器充液，直到压力达到卸荷阀 5 的调定压力，泵通过卸荷阀 5 卸荷	活塞向右运动时，泵和蓄能器 4 同时向液压缸左腔供油，实现单方向快速运动，向左运动时给蓄能器 4 充液压油。应用于间歇运动的液压机械，当执行元件间歇或低速运动时，泵向蓄能器充液压油，如液压电梯等
双泵供油的快速运动回路	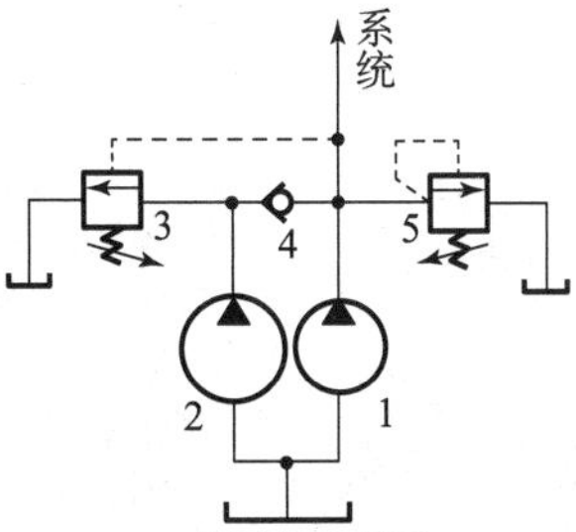 1—高压小流量泵；2—低压大流量泵；3—液控顺序阀（卸荷阀）；4—单向阀；5—溢流阀	1 为高压小流量泵，用以实现工作进给运动。2 为低压大流量泵，用以实现快速运动。在快速运动时，低压大流量泵 2 输出的油经单向阀 4 和高压小流量泵 1 输出的油共同向系统供油。在工作进给时，系统压力升高，打开液控顺序阀（卸荷阀）3 使低压大流量泵 2 卸荷，此时单向阀 4 关闭，由高压小流量泵 1 单独向系统供油。溢流阀 5 控制高压小流量泵 1 的供油压力。而卸荷阀 3 使低压大流量泵 2 在快速运动时供油，在工作进给时卸荷，因此它的调整压力应比快速运动时系统所需的压力高，但比溢流阀 5 的调整压力低	本回路利用低压大流量泵和高压小流量泵并联为系统供油，双泵供油回路功率利用合理、效率高，并且速度换接较平稳，在快、慢速度相差较大的机床中应用很广泛；缺点是要用一个双联泵，油路系统也稍复杂

表 5 - 3 - 8　几种速度换接回路的特点及应用

类型	回路	回路描述	特点及应用
用行程阀切换的速度换接回路	 1—液压缸；2—手动换向阀；3—液压泵；4—溢流阀；5—调速阀；6—单向阀；7—行程阀。	在左图所示位置，手动换向阀 2 处在右位，液压缸 1 快进。此时，溢流阀 4 处于关闭状态。当活塞杆所连接的挡块压下行程阀 7 时，行程阀 7 关闭，液压缸右腔的液压油必须通过调速阀 5 才能流回油箱，活塞运动速度转变为慢速工进。此时，溢流阀 4 处于溢流稳压状态。当换向阀 2 处于左位时，液压油经单向阀 6 进入液压缸右腔，液压缸左腔的液压油直接流回油箱，活塞快速退回	这一回路可使执行元件完成"快进→工进→快退→停止"这一自动工作循环。这种回路的快速与慢速的转换过程比较平稳，转换点的位置比较准确；缺点是行程阀必须有合理的安装位置，管路连接较复杂
调速阀并联的速度换接回路		左图所示为两个调速阀并联实现两种进给速度的转换回路，两个调速阀由二位三通换向阀转换，当 YA1 和 YA2 通电时，液压缸左腔进油，活塞向右移动，速度由调速阀 B 调节；当 YA1 断电，YA2 通电时，速度由调速阀 A 调节	在速度转换过程中，由于原来没工作的调速阀中的减压阀处于最大开口位置，速度转换时大量液压油通过该阀将使执行元件突然前冲
调速阀串联的速度换接回路		左图所示为用两个调速阀串联的方法来实现两种不同速度的转换回路。两个调速阀由二位二通换向阀转换，当 YA1 断电、YA2 通电时，速度由调速阀 A 调节；当 YA1 和 YA2 同时通电时，调速阀 B 接入进油路，液压缸活塞的速度由调速阀 B 调节	该回路的速度转换平稳性比调速阀并联的速度转换回路好，调速阀 B 的开口要比调速阀 A 的开口小，否则，转换后得不到所需要的速度，起不到调速的作用

实践活动

活动 1：节流调速回路。

项目	进油节流调速回路	回油节流调速回路
实践目的与要求	1）掌握节流阀、调速阀的工作原理及其在液压传动系统中的应用。 2）了解常见节流调速回路的构成和特点。 3）掌握各节流调速回路液压缸活塞杆运动速度的测量方法	
工作原理	下图所示为单向节流阀的进油节流调速回路，单向节流阀 4 位于双作用单活塞杆液压缸 5 的进油路上，适用于以正载荷操作的液压缸。液压泵的余油经过溢流阀 2 排出，以溢流阀设定压力工作。这种回路效率低，调速范围大，适用于轻载低速工况。若将单向节流阀 4 改为单向调速阀，回路为调速阀进油节流调速回路，速度稳定性比用节流阀好	下图所示为单向节流阀的回油节流调速回路，单向节流阀 4 位于双作用单活塞杆液压缸 5 的回油路上，适用于执行元件产生负载荷或载荷突然减少的情况。液压泵的输出压力为溢流阀的调定压力，与载荷无关，效率较低。但它的优点是，可产生背压，能抗拒负的载荷产生，防止突进。若将单向节流阀 4 改为单向调速阀，回路即调速阀回油节流调速回路
液压控制图	1—液压泵；2—直动式溢流阀； 3—二位四通电磁换向阀；4—单向节流阀； 5—双作用单活塞杆液压缸	1—液压泵；2—直动式溢流阀； 3—二位四通电磁换向阀；4—单向节流阀； 5—双作用单活塞杆液压缸
参考步骤	根据实践目的和要求，试自行制定实践方案，完成本项实践。 提示：系统工作压力调至 4MPa； 液压缸活塞杆运动速度 = 液压缸行程（200 mm）÷运动时间，运动时间可用秒表测量得到	

想一想　刚才的实践活动你收获了哪些？

活动 2：差动连接回路。

项目	差动连接回路	电气控制原理图
实践目的	1）掌握差动连接回路的构成和特点。 2）比较差动与非差动连接回路液压缸活塞运动速度的差别，掌握回路增速原理	

项目	差动连接回路	电气控制原理图
工作原理	当"SB7"按钮按下时，电磁铁 YA1 失电、YA2 得电，液压泵 1 的液压油经换向阀 3 右位进入液压缸 5 左腔，液压缸 5 右腔回油经换向阀 4 右位也进入液压缸 5 左腔，从而实现了差动连接，使活塞快速向右运动。当"SB7"按钮复位时，液压缸 5 活塞退回	
液压控制图	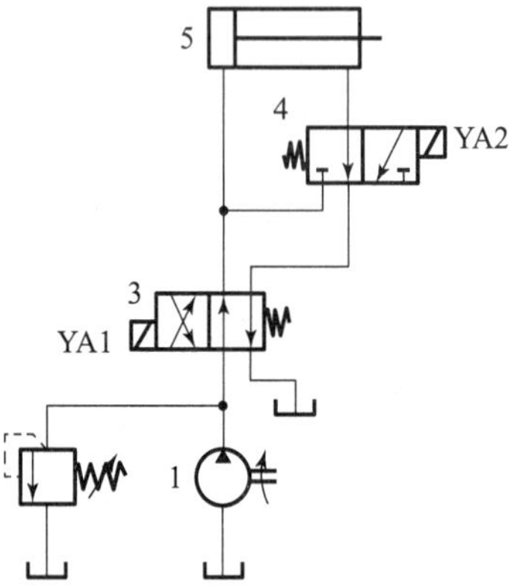 　1—液压泵；2—直动式溢流阀； 3—二位四通电磁换向阀； 4—二位三通电磁换向阀； 5—双作用单活塞杆液压缸	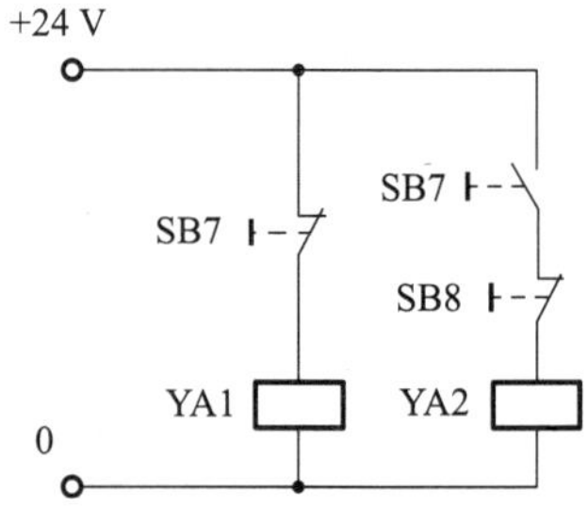
参考步骤	根据实践目的和要求，试自行制定实践方案，完成本项实践。 提示：系统工作压力调至 4MPa； 在电气控制原理图中按下 SB8 按钮将电磁铁 YA2 控制回路断开，即可实现非差动连接	

实践活动工作页

姓名：_____　　　　学号：_____　　　　日期：_____

实践内容：	
过程记录：	出现的问题及解决方法：
	实践心得：
小组评价	教师评价

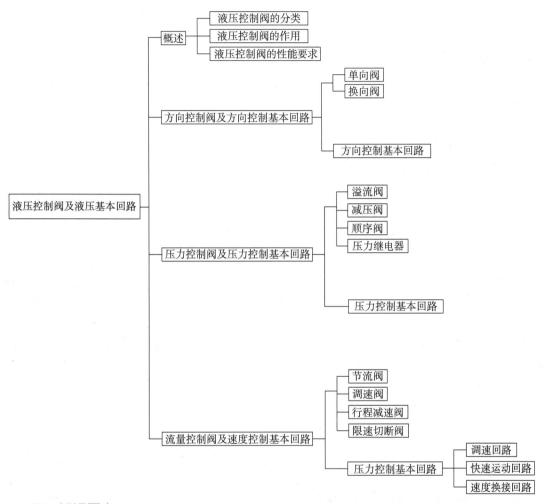

单元小结

一、知识框架

二、知识要点

知识点 1 主要介绍了方向控制阀和方向控制基本回路，主要内容有：

（1）方向控制阀的分类、结构、工作原理和应用。其中单向阀主要用于控制液压油单方向流动，换向阀主要用于改变液压油的流动方向或接通、切断油路。

（2）单向阀和液控单向阀的结构、使用要求及图形符号，单向阀与其他阀组合成的复合阀在回路中的作用。

（3）方向控制阀的"位"和"通"及中位机能的含义，由"位"、"通"、中位机能和控制方式可构成满足各种不同控制要求的换向阀。

（4）换向阀常态位的识别，三位换向阀的中位为常态位，利用弹簧复位的二位阀以靠近弹簧的正方形内的通路状态为其常态位，在系统图中，液压油路一般应连接在换向阀的常态位上。

知识点 2 主要介绍了压力控制阀和压力控制基本回路，主要内容有：

（1）压力控制阀的结构大体相同，不同的是其卸荷方式，因此，要掌握各种压力控制阀的结构原理、控制方式、图形符号含义及各种压力阀的共同点和不同点，才能更好地对其加以应用。

（2）压力控制阀一般有直动式和先导式之分。例如，在调压回路中，若工作压力变化不大，压力平稳性要求不高，则可采用直动式溢流阀；若各工作阶段的工作压力相差较大，则可采用先导式溢流阀，通过对其远程控制口的控制实现多级调压、远程调压和无级调压。

（3）溢流阀的主要作用是对液压传动系统定压或进行安全保护。几乎所有的液压传动系统都需要用到它，其性能好坏对整个液压传动系统的正常工作有很大影响。应理解直动式溢流阀和先导式溢流阀的结构原理和应用。

（4）减压阀是利用液流通过阀口缝隙所形成的液阻使出口压力低于进口压力，并使出口压力基本恒定的压力控制阀。常用于某一支路压力低于系统主油路压力的场合。

（5）顺序阀是液控液压开关，其结构原理与溢流阀基本相同，其差别在于：出口接负载，动作时阀口不是微开而是全开，且进口压力可继续升高；顺序阀有外泄口。当顺序阀达到调定压力打开时，顺序阀的出口压力可能升高，也可能降低。

（6）液压泵卸荷是指液压泵在很小或近于零功率工况下运转的工作状态，分为压力卸荷与流量卸荷两种。在压力卸荷回路中，关键元件是卸荷阀（换向阀或溢流阀）；流量卸荷回路中的主要功能元件是变量泵。需要注意的是，当采用电液换向阀的中位机能（M 型、H型、K 型）实现压力卸荷，且系统中的液动换向阀采用内控方式时，要注意保持系统中的最低控制压力，否则系统无法恢复工作状态；当采用先导式溢流阀卸荷时，往往在溢流阀的远程控制口与电磁滑阀之间设置阻尼，以防止系统在卸压或升压时产生液压冲击。

（7）减压回路的工作条件是：作用在该回路上的负载压力要不低于其减压阀的调定压力，保证减压阀的主阀芯处于工作状态。为防止减压回路的压力受主油路压力的干扰，往往在减压阀与液压缸之间串接一个单向阀。

（8）在溢流阀卸压回路中，溢流阀的调定压力应大于系统的最高工作压力。在利用换向阀中位机能的保压回路中，随着换向阀的磨损，其保压性能会下降。

（9）平衡回路的工作原理是：利用平衡阀在液压缸的下腔产生一个背压以平衡运动部件的自重。当重力负载变化不大时，可采用单向顺序阀的平衡回路；液控单向阀的平衡回路适用于要求执行元件长时间可靠地停留在某一位置的场合。

知识点 3 主要介绍了流量控制阀和速度控制基本回路，主要内容有：

（1）根据小孔流量特性、孔口形式及孔口通用流量公式，形成流量控制的结构原理，其作用是通过改变节流口大小，控制液压油流量，以改变执行元件的速度。

（2）流量控制阀分为节流阀和调速阀两种，节流阀流量因节流口前后压差随负载变化而变化，故负载较大会影响执行元件速度的稳定性。调速阀是复合阀，由减压阀和节流阀串接构成，在压差大于一定值后，流量基本上维持恒定，可达到准确地调节和稳定通过阀的流量的目的。但调速阀正常工作时，至少要求有 $0.4 \sim 0.5$ MPa 的压差。

（3）节流阀的调速回路存在负载变化导致速度变化的问题，一般用调速阀来解决这个问题。调速阀调速回路除改善速度－负载特性外，其他性能和节流阀调速回路基本相同。节流阀调速回路的缺点是功率损失大，效率低，只适用于功率较小的液压传动系统。

（4）容积调速回路的特点是：调速时既没有能量损失，也没有压力损失，回路效率较高；有速度随负载增加而下降的特性。三种容积调速回路在性能上有所不同：用变量泵调速时，执行元件输出的最大转矩（或推力）恒定；用改变马达排量调速时却保持其最大输出功率不变。容积调速的缺点是低速稳定性差。容积节流调速可改善低速稳定性，但是增加了压力损失，回路效率有所降低。

（5）液压缸差动连接快进回路结构比较简单，应用较多。双泵供油快速回路在快进比工进速度大出很多倍的情况下，能明显减少功率损失，提高效率。采用蓄能器的快速回路主要用于短期需要大流量的场合。

（6）用行程阀切换的速度换接回路，快慢换接比较平稳，而且换接点位置比较准确。两个调速阀串联的二次工进速度换接回路，换向流量冲击小，速度换接比较平稳。

综合练习

一、填空题

1. 根据用途和工作特点的不同，控制阀主要分为三大类：_____、_____、_____。

2. 方向控制阀包括_____和_____。

3. 单向阀的作用是_____。

4. 液控单向阀当其控制油口无控制液压油作用时，只能_____导通；当有控制液压油作用时，正、反均可导通。

5. 方向控制回路是指在液压传动系统中，起控制执行元件的_____、_____及换向作用的液压基本回路；它包括_____回路、_____回路和_____回路。

6. 按阀芯运动的控制方式不同，换向阀可分为_____、_____、_____、_____和_____换向阀。

7. 压力控制阀按功能分为_____、_____、_____、压力继电器等。

8. 液压传动系统中常用的溢流阀有_____和_____两种。

9. 减压阀工作时，出口压力一定_____进口压力，且_____。常态时阀口_____。

10. 溢流阀是利用_____压力和弹簧力相平衡的原理来控制_____的液压油压力的。

11. 在减压回路中可使用_____来防止主油路压力低于支路时液压油倒流。

12. 为了防止过载，要设置_____。

13. 压力继电器是一种能将_____转变为_____的转换装置。

14. 为了避免垂直运动部件的下落，应采用_____回路。

15. 若用一个泵供给两个以上执行元件供油，则应考虑_____问题。

16. 调速阀可使速度稳定，是因为其节流阀前后压差_____。

17. 流量控制阀是通过改变_____来调节通过阀口的流量，从而改变执行元件的_____。

18. 调速阀是由_____和_____串联而成的，前者起_____作用，后者起_____作用。

19. 在进油路节流调速回路中，当节流阀的通流面积调定后，速度随负载的增大而_____。

20. 在容积调速回路中，随着负载的增加，液压泵和液压马达的泄漏_____，于是速度发生变化。

21. 旁路节流调速回路只有节流功率损失，而无_____功率损失。

二、判断题

1. 高压大流量液压传动系统常采用电磁换向阀实现主油路换向。　　　　　（　　）

2. 液控单向阀正向导通，反向截止。　　　　　　　　　　　　　　　　　（　　）

3. 使液压泵的输出流量为零，此称为流量卸荷。　　　　　　　　　　　　（　　）

4. 手动换向阀是用手动杆操纵阀芯换位的换向阀，分弹簧自动复位和弹簧钢珠定位两种。　　　　　　　　　　　　　　　　　　　　　　　　　　　　　（　　）

5. 液控单向阀控制油口不通液压油时，其作用与单向阀相同。　　　　　　（　　）

6. 三位五通阀有三个工作位置、五个油口。　　　　　　　　　　　　　　（　　）

7. 三位换向阀的阀芯未受操纵时，其所处位置上各油口的连通方式就是它的滑阀机能。　　　　　　　　　　　　　　　　　　　　　　　　　　　　　（　　）

8. 压力继电器可以控制两只以上的执行元件实现先后顺序动作。　　　　　（　　）

9. 将一定值减压阀串联在某一液压支路中，减压阀的出口油压力就能保证此油路的压力为一定值。　　　　　　　　　　　　　　　　　　　　　　　　（　　）

10. 串联了定值减压阀的支路，始终能获得低于系统压力调定值的稳定的工作压力。　　　　　　　　　　　　　　　　　　　　　　　　　　　　　　　（　　）

11. 单向阀、减压阀两者都可用作背压阀。　　　　　　　　　　　　　　　（　　）

12. 三个压力阀都没有铭牌，可通过在进、出口吹气的办法来鉴别，能吹通的是减压阀，不能吹通的是溢流阀、顺序阀。　　　　　　　　　　　　　　　　（　　）

13. 先导式溢流阀的远程控制口可以使系统实现远程调压或使系统卸荷。　　（　　）

14. 溢流阀、节流阀都可以做背压阀用。　　　　　　　　　　　　　　　　（　　）

15. 当将液控顺序阀的出油口与油箱连通时，其即可当卸荷阀用。　　　　　（　　）

16. 顺序阀不能做背压阀用。　　　　　　　　　　　　　　　　　　　　　（　　）

17. 压力阀的特点是利用作用在阀芯上液压油的压力和弹簧力相平衡的原理。（　　）

18. 调速阀中的减压阀为定差减压阀。　　　　　　　　　　　　　　　　　（　　）

19. 节流阀是常用的调速阀，因为它调速稳定。　　　　　　　　　　　　　（　　）

20. 通过节流阀的流量与节流阀口的通流截面积成正比，与阀两端的压差大小无关。　　　　　　　　　　　　　　　　　　　　　　　　　　　　　　　（　　）

21. 节流阀和调速阀都是用来调节流量及稳定流量的流量控制阀。　　　　　（　　）

22. 旁路节流调速回路中，泵出口的溢流阀起稳压溢流作用，是常开的。　　（　　）

23. 容积调速回路中，其主油路中的溢流阀起安全保护作用。　　　　　　　（　　）

24. 旁油路节流调速回路，适用于速度较高、负载较大、速度的平稳性要求不高的液压传动系统。　　　　　　　　　　　　　　　　　　　　　　　（　　）

25. 容积调速回路的效率较节流调速回路的效率高。　　　　　　　　　　　（　　）

26. 节流阀和调速阀都可用作调节流量及稳定流量的流量控制阀。　　　　　（　　）

27. 通过节流阀的流量与节流阀的通流面积成正比，与阀两端的压力差大小无关。　　　　　　　　　　　　　　　　　　　　　　　　　　　　　　（　　）

三、选择题

1. 常用的电磁换向阀是控制液压油的（　　）的。
   A. 流量　　　　　　B. 压力　　　　　　C. 方向

2. 在三位换向阀中，其中位可使液压泵卸荷的有（　　）型。
   A. H　　　　　　B. O　　　　　　C. K　　　　　　D. Y

3. 在液压传动系统图中，与三位阀连接的油路一般应画在换向阀符号的（　　）位置上。
   A. 左格　　　　　　B. 右格　　　　　　C. 中格

4. 当运动部件上的挡铁压下阀芯时，使原来不通的油路相通，此时的机动换向阀应为（　　）二位二通机动换向阀。
   A. 常闭型　　　　　　B. 常开型

5. 大流量的系统中，主换向阀应采用（　　）换向阀。
   A. 电磁　　　　　　B. 电液　　　　　　C. 手动

6. 工程机械需要频繁换向且必须由人工操作的场合，应采用（　　）手动换向阀换向。
   A. 钢球定位式　　　　B. 自动复位式

7. 顺序动作回路可用（　　）来实现。
   A. 单向阀　　　　　　B. 溢流阀　　　　　　C. 压力继电器

8. 为了减压回路可靠地工作，其最高调整压力应（　　）系统压力。
   A. 大于　　　　　　B. 小于　　　　　　C. 等于

9. 减压阀利用（　　）液压油的压力与弹簧力相平衡，它使（　　）的压力稳定不变。
   A. 出油口　　　　　　B. 进油口　　　　　　C. 外泄口

10. 在液压传动系统中可用于安全保护的控制阀有（　　）。
    A. 单向阀　　　　　　B. 顺序阀　　　　　　C. 节流阀　　　　　　D. 溢流阀

11. 减压阀在负载变化时，对节流阀进行压力补偿，从而使节流阀前后的压力差在负载变化时自动（　　）。
    A. 提高　　　　　　B. 保持不变　　　　　　C. 降低

12. 在用节流阀的旁油路节流调速回路中，其液压缸速度（　　）。
    A. 随负载增大而增大

B. 随负载减少而增加

C. 不受负载的影响

13. 节流阀的节流口应尽量做成（　　　）式。

　A. 薄壁孔　　　　B. 短孔　　　　　C. 细长孔

14. 调速阀是组合阀，其组成是（　　　）。

　A. 节流阀与单向阀串联　　　　　B. 减压阀与节流阀并联

　C. 减压阀与节流阀串联　　　　　D. 节流阀与单向阀并联

15. 与节流阀相比较，调速阀的显著特点是（　　　）。

　A. 调节范围大　　　　　　　　B. 结构简单，成本低

　C. 流量稳定性好　　　　　　　D. 最小压差的限制较小

单元六
气源装置及气动辅助元件

情境导入

　　驱动各种气动设备进行工作的动力是由气源装置提供的。气源装置的主体是空气压缩机。由于空气压缩机产生的压缩空气所含的杂质较多，因而不能直接为气动设备所用。因此，通常气源装置产生的压缩空气还需进一步处理，才能满足气动设备工作的需要。

　　图6－1所示是气源装置的组成。它由哪些器件组成？各器件的作用是什么？压缩后的空气如何处理才能用于气压传动系统？本单元将带你学习气源装置及气动辅助元件，解决上述问题。

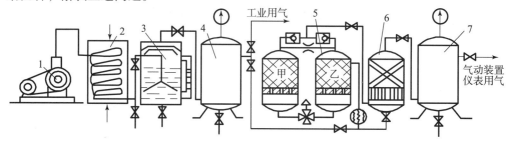

1—空气压缩机；2—后冷却器；3—油水分离器；4，7—储气罐；5—干燥器；6—过滤器。

图6－1　气源装置的组成

 学习要求

　　通过对本单元的学习，了解气源装置的组成与作用，掌握空气压缩机的工作原理，熟悉气源处理方法，了解气动辅助元件，如润滑元件、消声器等的结构和功能。

知识点 1 气 源 装 置

1.1　概述

　　气源装置由产生、处理和储存压缩空气的设备组成，典型气源装置的组成如图6－1－1所示。

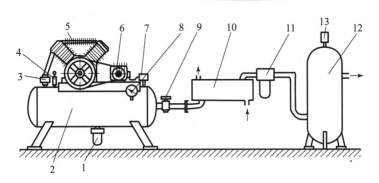

1—自动排水器；2—小气罐；3—单向阀；4—安全阀；5—空气压缩机；6—电动机；7—压力
开关；8—压力表；9—截止阀；10—后冷却器；11—油水分离器；12—大气罐；13—排气阀。

图 6-1-1 典型气源装置的组成示意

1.2 空气压缩机

空气压缩机简称空压机，是气源装置的核心。它将电动机输出的机械能转换成气体的压力能输送给气压传动系统。

1. 分类

空气压缩机的分类有很多，按输出压力可分为低压型压缩机（0.2~1.0MPa）、中压型压缩机（1~10MPa）和高压型压缩机（>10MPa）；按输出流量可分为微型压缩机（$V<1\text{m}^3/\text{min}$）、小型压缩机（$V=1~10\text{m}^3/\text{min}$）、中型压缩机（$V=10~100\text{m}^3/\text{min}$）和大型压缩机（$V>100\text{m}^3/\text{min}$）；按工作原理可分为容积型和速度型两大类。在气压传动系统中，一般采用容积型压缩机。

容积型空气压缩机按结构不同分为活塞式、膜片式、涡旋式和螺旋杆式。速度型空气压缩机按结构不同分为离心式和轴流式等。目前，使用最广泛的是活塞式空气压缩机。

2. 工作原理

活塞式空气压缩机是最常见的空气压缩机，主要由机体、曲柄、气缸活塞、吸气阀和排气阀等组成。其工作原理如图 6-1-2 所示。

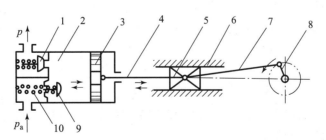

1—排气阀；2—气缸；3—活塞；4—活塞杆；5，6—滑块与滑道；
7—连杆；8—曲柄；9—吸气阀；10—弹簧。

图 6-1-2 活塞式空气压缩机的工作原理

活塞式空气压缩机通过连杆带动活塞在气缸内做往复运动，并在吸、排气阀的配合下达到提高气体压力的目的。活塞式空气压缩机的活塞是由电动机带动曲柄转动，通过连杆、滑块、活塞杆转化为直线往复运动。当活塞向右运动时，气缸内活塞左腔的压力低于大气压力，吸气阀被打开，空气在大气压力作用下进入气缸内，此过程称为"吸气过程"。当活塞向左运动时，吸气阀在缸内压缩气体的作用下关闭，缸内气体被压缩，此过程称为"压缩过程"。当气缸内空气压力增高到略高于输气管内压力时，排气阀被打开，压缩空气进入输气管道，此过程称为"排气过程"。当活塞再次反向运动时，上述过程重复出现。活塞式空气压缩机的曲柄旋转一周，活塞往复一次，气缸内相继实现吸气、压缩、排气的过程，即完成一个工作循环。图 6-1-2 中只表示了有一个活塞、一个气缸的活塞式空气压缩机，大多数活塞式空气压缩机是多缸、多活塞的组合。

3. 空气压缩机的选用

空气压缩机的选用应以气压传动系统所需要的工作压力和流量两个参数为依据，并满足其工作的可靠性、经济性与安全性。一般空气压缩机为中压空气压缩机，额定排气压力为 1MPa。另外还有低压空气压缩机，排气压力为 0.2MPa；高压空气压缩机，排气压力为 10MPa；超高压空气压缩机，排气压力为 100MPa。

要把整个气压传动系统对压缩空气的需要再加一定的备用余量作为选择空气压缩机输出流量的依据。

4. 空气压缩机使用的注意事项

1）空气压缩机所用的润滑油一定要定期更换，必须使用不易变质和不易氧化的压缩机油，防止出现"油泥"。

2）空气必须清洁、粉尘少、湿度低、通风好，以保证吸入空气的质量。

3）空气压缩机在启动前，应检查润滑油位是否正常；启动前和停机后，都应将小气罐中的冷凝水排放掉，并定期检查过滤器的阻塞情况。

1.3 气源处理装置

由于空气压缩机排出的压缩空气一般可达到 140~170℃，此时压缩空气中的水分和润滑油的一部分已经汽化，与含在空气中的灰尘形成油气、水汽和灰尘混合而成的杂质。这些杂质若被带进气动设备，会引起管路堵塞和锈蚀，加速元件的磨损，缩短使用寿命。水汽和油气还会使膜片、橡胶密封件老化，严重时还会引起燃烧和爆炸。因此，高压气体在进入气压传动系统前，需进行除油、除水、除尘和干燥处理。

1.3.1 冷却器

冷却器安装在空气压缩机的后面，即出口管路上，也称后冷却器。它的作用是将空气压缩机排出的压缩空气的温度由 140~170℃降至 40~50℃，使其中的水分和油雾冷凝成液态水滴和油滴，以便将它们除去。

常用后冷却器按结构形式有蛇形管式、列管式、散热片式、套管式等；按冷却方式有水冷和风冷式两种。

风冷式后冷却器具有占地面积小、质量轻、运行成本低、易维修等特点，适用于进口压缩空气温度低于 100℃和处理空气量较少的场合。

水冷式后冷却器具有散热面积大（是风冷式的 25 倍）、热交换均匀、分水效率高等特

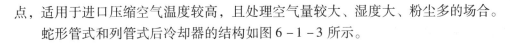

点，适用于进口压缩空气温度较高，且处理空气量较大、湿度大、粉尘多的场合。

蛇形管式和列管式后冷却器的结构如图 6 - 1 - 3 所示。

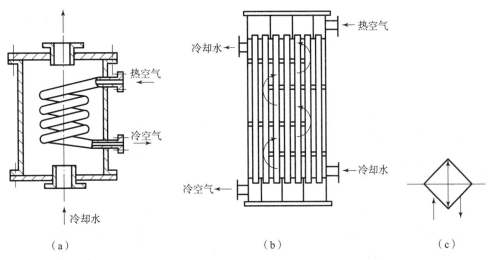

图 6 - 1 - 3　后冷却器的结构和图形符号

（a）蛇形管式；（b）列管式；（c）图形符号

其工作原理是压缩空气在管内流动，冷却水在管外水套中流动。冷却水与热空气隔开，沿热空气反方向流动，以降低压缩空气的温度。压缩空气的出口温度大约比冷却水的温度高 10℃。

风冷式后冷却器靠风扇产生的冷空气吹向带散热器片的热气管路。后冷却器最低处应设置自动或手动排水装置，以排出冷凝水。经风冷后的压缩空气的出口温度约比室温高 15℃。

1.3.2　油水分离器

油水分离器安装在后冷却器出口管路上，作用是分离并排出压缩空气中凝聚的油分、水分等，使压缩空气得到初步净化。油水分离器的结构形式有环形回转式、撞击折回式、离心旋转式、水浴式以及上述形式的组合使用等。油水分离器的结构如图 6 - 1 - 4 所示，其工作原理是当压缩空气由入口进入分离器壳体后，气流先受到隔板阻挡而被撞击折回向下（见图中箭头所示流向），之后又上升产生环形回转。这样凝聚在压缩空气中的油滴、水滴等杂质受惯性力作用而分离析出，沉降于壳体底部，由排污阀定期排出。

为了提高油水分离效果，气流回转后上升的速度越小越好。一般上升速度控制在 1m/s 左右。

1.3.3　储气罐

储气罐通常又称为贮气罐，它是气源装置的重要组成部分。

1. 储气罐作用

1）储存一定数量的压缩空气，以备空气压缩机发生故障或临时需要时应急使用。

2）消除由于空气压缩机断续排气而对系统引起的压力波动，保证输出气流的连续性和平稳性。

3）依靠绝热膨胀及自然冷却降温，进一步分离压缩空气中的油、水等杂质。

2. 储气罐结构

储气罐一般采用圆筒状焊接结构，有立式和卧式两种，一般为节省占地面积采用立式结构。立式储气罐的结构如图 6-1-5 所示。

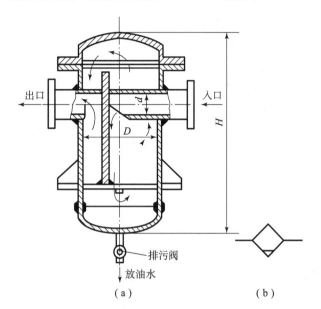

图 6-1-4　油水分离器的结构和图形符号
（a）结构；（b）图形符号

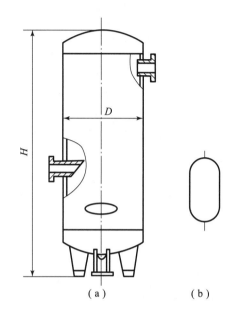

图 6-1-5　立式储气罐的结构和图形符号
（a）结构；（b）图形符号

为保证储气罐的正常使用，每个储气罐应包括以下附件：

1）安全阀。用以调整储气罐极限压力，其调整压力比正常工作压力高 10%。

2）压力表。用以指示储气罐内空气压力。

3）检查孔。用以清除储气罐内部杂质，检查储气罐内部情况。

4）排液接管。位于储气罐底部，用于排放储气罐底部所积油和水。

1.3.4　干燥器

经过后冷却器、油水分离器和储气罐后得到初步净化的压缩空气，已满足一般气压传动系统的需要。但压缩空气中仍含一定量的油、水以及少量的粉尘，对于一些精密机械、仪表等装置还不能满足要求。为防止初步净化后的气体中所含有的水分对精密机械、仪器等产生锈蚀，必须对上述压缩空气进行干燥处理。

干燥器有冷冻式干燥器、吸附式干燥器和高分子膜干燥器等。压缩空气的干燥方法主要采用吸附法和冷却法。

吸附法是利用具有吸附性能的吸附剂（如硅胶）来吸附压缩空气中含有的水分，使其干燥。冷却法是利用制冷设备使空气冷却到一定的露点温度，析出空气中超过饱和水蒸气部分的多余水分，从而达到所需的干燥度。吸附法是干燥处理法中最为普遍的一种方法。

吸附式干燥器的结构如图6-1-6所示。外壳呈筒形，其中分层设置栅板、吸附剂、滤网等。其工作原理是湿空气从进气管进入干燥器内，通过上吸附层、铜丝过滤网20、上栅板、下吸附层后，因其中的水分被吸附剂吸收而变得干燥。然后再经过铜丝过滤网15、下栅板、毛毡、铜丝过滤网12过滤气流中的灰尘和其他固体杂质。最后干燥、洁净的压缩空气从干燥空气输出管排出。

1.3.5　过滤器

空气的过滤是气压传动系统中的重要环节，其作用是除去压缩空气中的固态杂质、水滴和污油滴，不能除去气态油和气态水。

空气过滤器按过滤的排水方式可分为手动排水型和自动排水型。自动排水型过滤器按无气压时的排水状态又可分为常开型和常闭型。

空气过滤器的结构如图6-1-7所示。当压缩空气从输入口流入时，气体中所含有的液态油、水和杂质沿导流叶片在切向的缺口强烈旋转，液态油、水及固态杂质受离心力的作用被甩到存水杯的内壁上，流到底部。已除去液态油、水和杂质后的压缩空气通过滤芯进一步清除其中的微小固态粒子，然后从输出口流出。挡水板用来防止杯底已积存的液态油、水再混入气流中。为保证过滤器正常工作，需将污水通过放水阀及时排放。

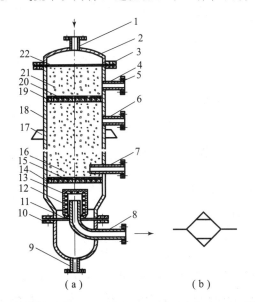

1—湿空气进气管；2—顶盖；3、5、10—法兰；4、6—再生
空气排气管；7—再生空气进气管；8—干燥空气输出管；
9—排水管；11、22—密封垫；12、15、20—铜丝过滤网；
13—毛毡；14—下栅板；16、21—吸附剂层；
17—支撑板；18—筒体；19—上栅板；
图6-1-6　吸附式干燥器的结构和图形符号
(a) 结构；(b) 图形符号

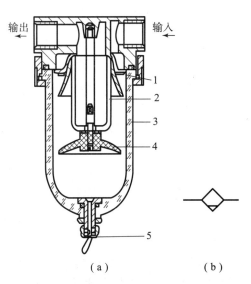

1—导流叶片；2—滤芯；3—存水杯；
4—挡水板；5—放水阀。
图6-1-7　空气过滤器的结构和
图形符号
(a) 结构；(b) 图形符号

过滤器使用维护如下：

1）装配前，要充分吹掉配管中的杂质，防止密封材料混入。

2）需垂直安装，并使放水阀朝下。

3）过滤器安装位置应远离空气压缩机，提高分水效率。使用时，需经常放水。滤芯要定期进行清洗或更换。

4）避免日光照射。

上述冷却器、油水分离器、过滤器、干燥器和储气罐等元件通常安装在空气压缩机的出口管路上，组成一套气源处理装置。

知识点 2 气动辅助元件

2.1 油雾器

气动系统中使用的许多元件和装置都有滑动部分，为使其能正常工作，需要对这些滑动部分进行润滑。然而，以压缩空气为动力源的气动元件的滑动部分都有密封气室，不能用普通的方法去注油，只能用某种特殊的方法进行润滑。按工作原理不同，润滑元件可分为不供油润滑元件和油雾润滑元件（油雾器）。下面主要介绍油雾润滑元件——油雾器。

1. 功能特点

油雾器是一种特殊的注油装置。它是将普通的液态润滑油雾化成细微的油雾，注入压缩空气气流中，并随气流输送到需要润滑的部件，达到润滑的目的。油雾器有以下特点：

1）油雾可输送到任何有气流的地方，并且润滑均匀稳定。

2）气路接通就开始润滑，气路断开就停止供油。

3）可以同时对多个元件进行润滑。

2. 工作原理

图 6 – 2 – 1 所示为油雾器的工作原理和图形符号。假设气流输入压力为 P_1，通过文氏管后压力降为 P_2，当 P_1 和 P_2 的压差 ΔP 大于把油吸到排出口所需压力 ρgh 时，油被吸附上，在排出口形成油雾并随压缩空气输送至所需润滑部位。

3. 油雾器的使用

在油雾器的使用过程中应注意以下事项：

1）油雾器一般安装在分水滤水器、减压阀之后，尽量靠近换向阀，距离不应超过 5 m。

2）避免把油雾器安装在换向阀与气缸中间，以免漏掉对换向阀的润滑。

3）安装时注意进、出口不能接错，必须垂直设置，不可倒置或倾斜。

4）保证正常油面，不应过高或过低。

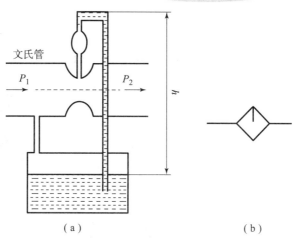

（a）　　　　　　　　　　　（b）

图 6 - 2 - 1　油雾器的工作原理和图形符号

（a）工作原理；（b）图形符号

小知识

　　过滤器和减压阀一体化，称为过滤减压阀。过滤减压阀和油雾器连成一个组件，称为空气处理二联件。过滤器、减压阀和油雾器连成一个组件，称为空气处理三联件，也称气动三大件。该组件具有过滤、减压和油雾润滑的功能。气动三大件可缩小外形尺寸，节省空间，便于维修和集中管理。联合使用时，其连接顺序应为空气过滤器—减压阀—油雾器，不能颠倒。

2.2　消声器

　　消声器是一种允许空气通过而使声能渐衰的装置，能够降低气流通道上空气动力性噪声。气压传动回路与液压传动回路不同，前者没有回收气体的必要，压缩空气使用后直接排入大气，因排气速度较高，会产生尖锐的排气噪声。为降低噪声，一般在换向阀的排气口上安装消声器。消声器是通过阻尼或增加排气面积来降低排气速度和功率，从而降低噪声的。

　　目前常用的消声器有吸收型、膨胀干涉型和膨胀干涉吸收型三种。

1. 吸收型消声器

　　吸收型消声器主要依靠吸声材料消声，如图 6 - 2 - 2 所示。消声罩为多孔的吸声材料，一般用聚苯乙烯。其消声原理是：当有压气体通过消声罩时，气流受到阻力，声能量被部分吸收而转化成

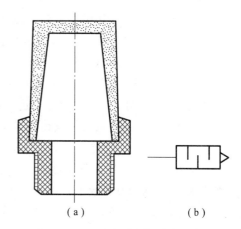

（a）　　　　　　（b）

图 6 - 2 - 2　吸收型消声器的结构和图形符号

（a）结构；（b）图形符号

133

热能，从而降低了噪声强度。

吸收型消声器结构简单，吸声材料的孔眼不易堵塞，具有良好的消除中、高频噪声的功能，消声效果大于20dB，在气压传动系统中广泛应用。

2. 膨胀干涉型消声器

这种消声器的直径比排气孔径大得多，气流在其内部扩散、膨胀、碰壁撞击、反射、相互干涉而减弱噪声强度，达到消声效果。这种消声器的特点是排气阻力小，消声效果好，可消中、低频噪声，但结构不紧凑。

3. 膨胀干涉吸收型消声器

膨胀干涉吸收型消声器是一种组合型消声器，如图6-2-3所示，即在膨胀干涉型消声器的壳体内表面敷设吸声材料而制成。这种消声器的消声效果好，低频可消20dB，高频可消45dB。

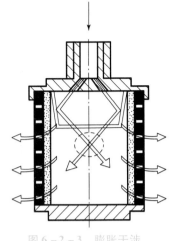

图6-2-3 膨胀干涉吸收型消声器

 知识拓展

气压传动技术广泛应用于机械、电子、轻工、纺织、食品、医药、包装、冶金、石化、航空、交通运输等各个工业部门。气压传动系统在提高生产效率、自动化程度、产品质量、工作可靠性和实现特殊工艺等方面显示出极大的优越性。这主要是因为气压传动与机械、电气、液压传动相比有以下优点：

1）工作介质是空气，取之不尽、用之不竭。气体不易堵塞流动通道，用过后可将其随时排入大气中，不污染环境。

2）空气的特性受温度影响小。在高温下能可靠地工作，不会发生燃烧或爆炸。温度变化，对空气的黏度影响极小，故不会影响传动性能。

3）空气的黏度很小（约为液压油的万分之一），所以流动阻力小，在管路中流动的压力损失较小，所以便于集中供应和远距离输送。

4）相对液压传动而言，气压传动动作迅速、反应快，一般只需0.02~0.30 s就可达到工作压力和速度。液压油在管路中流动速度一般为1~5 m/s，而气体的流速最小也大于10 m/s，有时甚至达到声速，排气时还达到超声速。

5）气体压力具有较强的自保持能力，即使压缩机停机，关闭气阀，但装置中仍然可以维持一个稳定的压力。气体通过自身的膨胀性来维持承载缸的压力不变。

6）气动元件可靠性高、寿命长。电气元件可运行百万次，而气动元件可运行2 000万~4 000万次。

7）工作环境适应性好，可以在易燃、易爆、多尘埃、强磁、辐射、振动等恶劣环境中使用。

8）气动装置结构简单、成本低、维护方便、过载时能自动保护。

实践活动

活动：认识活塞式空气压缩机。

实践目的	了解活塞式空气压缩机的型号、结构参数、性能参数。 掌握活塞式空气压缩机的工作原理
工作原理	活塞式空气压缩机是最常见的空气压缩机，主要由机体，曲柄，气缸活塞，吸、排气阀等组成。活塞式空气压缩机通过连杆带动活塞在气缸内做往复运动，并在吸、排气阀的配合下达到提高气体压力的目的。活塞式空气压缩机的活塞是由电动机带动曲柄转动，通过连杆、滑块、活塞杆转化为直线往复运动的
参考步骤	1）认识活塞式空气压缩机的外形及组成结构。 2）在指导老师的安排下，完成部分器件连接。 3）检查管路连接。 4）按指导老师要求，填写实践报告，整理各组成元件

实践活动工作页

姓名：_____　　　　学号：_____　　　　日期：_____

实践内容：

过程记录：

出现的问题及解决方法：

实践心得：

小组评价		教师评价	

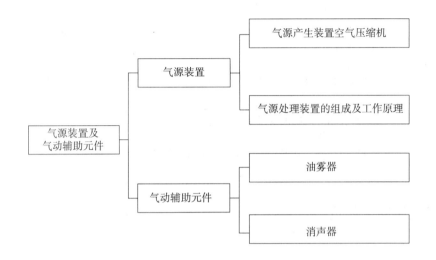

单元小结

一、知识框架

二、知识要点

1. 气源装置由空气压缩机和气源处理装置组成，为系统提供足够清洁、干燥、具有一定压力和流量的压缩空气。

2. 气动辅助元件包括油雾器和消声器等，用于改善气压传动系统的工作性能。

综合练习

一、填空题

1. 气源装置由_____、_____和_____的设备组成。

2. 空气压缩机按压力可分为_____、_____和_____。

3. 空气压缩机是将电动机输出的_____转换成气体的_____输送给气动系统。

4. 气源处理装置的作用是_____。

5. 气动辅助元件主要包括_____、_____、_____等。

6. 气动三大件包括_____、_____、_____。

二、判断题

1. 空气压缩机的工作原理与液压泵类似，通过吸、排气向系统连续供气。　　（　　）

2. 空气过滤器的作用是除去压缩空气中的固态杂质、水滴和污油滴，不能除去气态油和气态水。　　　　　　　　　　　　　　　　　　　　　　　　　　　　（　　）

3. 风冷式后冷却器具有占地面积小、质量轻、运行成本低、易维修等特点。　　（　　）

4. 为了降低排气噪声，必须使用消声器。　　（　　）

三、简答题

1. 简述空气压缩机的使用注意事项。

2. 简述储气罐的作用。

3. 简述蛇形管式后冷却器的工作原理。

单元七
气动执行元件

情境导入

　　在现代工业生产中，气动机械手（图7-1）被广泛应用于汽车制造业、家电、化工、食品和药品包装等自动化生产线中。气动机械手可以实现横向、纵向自由移动，可以完成工件的抓取、搬运等作业，这些运动是靠气动执行元件来实现的。气动执行元件是将压缩空气的压力能转换为机械能的能量转换装置，包括气缸和气动马达。本单元将介绍常用气动执行元件的分类、结构组成、工作原理及图形符号等，为下一单元的学习打下基础。

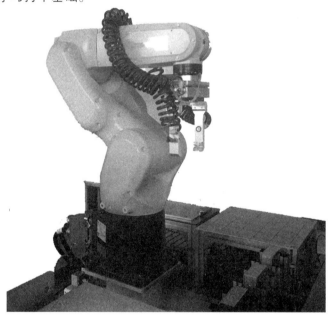

图7-1　气动机械手

 学习要求

　　通过对本单元的学习，应了解常用气动执行元件，如活塞式单作用气缸、双作用气缸、气-液阻尼气缸、薄膜式气缸、摆动式气缸及叶片式气动马达和活塞式气动马达的工作原理、特点及应用等。

知识点1 气 缸

1.1 概述

气缸是实现往复直线运动或在一定角度范围内做往复回转运动的气动执行元件，是气压传动系统中最常见的执行元件。气缸具有结构简单、制造成本低、工作可靠等特点，在有可能发生火灾和爆炸危险的场合使用安全。

气缸有以下分类方法。

1）按压缩空气作用在活塞端面的方向不同，气缸可分为单作用气缸和双作用气缸。

2）按气缸的结构特点不同，气缸可分为活塞式气缸、叶片式气缸、薄膜式气缸、气-液阻尼气缸、冲击气缸等。

3）按安装方式不同，气缸可分为耳座式、法兰式、轴销式、凸缘式等。

4）按有无缓冲装置，气缸可分为无缓冲、单侧缓冲、双侧缓冲等。

5）按尺寸不同，气缸可分为微型气缸（缸径为 2.5 ~ 6.0 mm）、小型气缸（缸径为 8 ~ 25 mm）、中型气缸（缸径为 32 ~ 320 mm）、大型气缸（缸径大于 320 mm）等。

1.2 典型普通气缸

1.2.1 典型普通气缸的类型

气缸一般由缸筒、前后缸盖、活塞、活塞杆、密封件和紧固件等零件组成。普通气缸一般是指缸筒内只有一个活塞和一个活塞杆的气缸，包括单杆单作用气缸和单杆双作用气缸。

1. 单杆单作用气缸

压缩空气只在气缸的一端进气并推动活塞运动，而活塞的反向运动依靠复位弹簧力、重力或其他外力，这类气缸称为单杆单作用气缸（图7-1-1）。

工作过程：压缩空气从进、出气口进入，作用于无杆腔，当空气的推力大于弹簧的反作用力时，活塞杆伸出。如进、出气口一直保持足够的压缩空气，活塞杆将一直处于伸出状态。当外部压缩空气撤去后，在复位弹簧的作用下，活塞杆会以足够高的速度回到初始位置。气缸有杆腔通过排气口始终与大气相通。

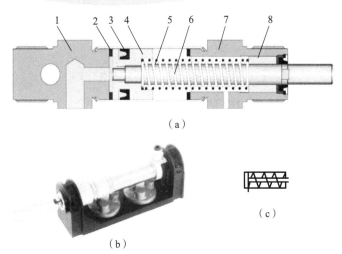

（a）

（b）

（c）

1—后缸盖；2—橡胶缓冲垫；3—活塞密封圈；4—活塞；5—弹簧；6—活塞杆；7—导向套；8—前缸盖

图 7-1-1　单杆单作用气缸

（a）结构；（b）外形；（c）图形符号

小知识

　　带有内置弹簧的单作用气缸，弹簧的自然长度限制了其行程。因此单作用气缸的最大行程只有大约 80 mm。

2. 单杆双作用气缸

单杆双作用气缸如图 7-1-2 所示。当从无杆腔的气口输入压缩空气时，若气压作用在

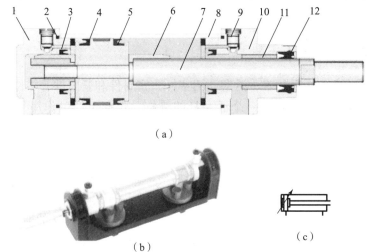

（a）

（b）

（c）

1—后缸盖；2—密封圈；3—缓冲密封圈；4—活塞密封圈；5—活塞；6—缓冲柱塞；

7—活塞杆；8—缸筒；9—缓冲节流阀；10—前缸盖；11—导向套；12—防尘密封圈

图 7-1-2　单杆双作用气缸

（a）结构；（b）外形；（c）图形符号

活塞左面的力克服了运动摩擦力、负载等各种反作用力，则推动活塞前进，有杆腔排气，使活塞杆伸出；当有杆腔气口输入压缩空气、无杆腔排气时，活塞杆缩回。通过无杆腔和有杆腔的交替进气和排气，活塞实现往复直线运动。

1.2.2 气缸的工作特性

1. 气缸的速度

气缸活塞运动的速度在运动过程中是变化的，通常所说的气缸速度是指气缸活塞的平均速度。一般普通气缸的速度范围是 50～500 mm/s，是指气缸活塞在全行程范围内的平均速度。

2. 气缸的理论输出力

气缸的理论输出力是指气缸在静止状态时，空气压力作用在活塞有效面积上产生的推力或拉力，计算公式如表 7-1-1 所示。

表 7-1-1　气缸的理论输出力

气缸类型		理论输出力 F_0	
		杆伸出	杆缩回
单杆单作用气缸	弹簧压回型	推力 $F_0 = \dfrac{\pi}{4}D^2 p - F_2$	拉力 $F_0 = F_1$
	弹簧压出型	拉力 $F_0 = \dfrac{\pi}{4}(D^2 - d^2)p - F_2$	推力 $F_0 = F_1$
单杆双作用气缸		推力 $F_0 = \dfrac{\pi}{4}(D^2 - d^2)p$	拉力 $F_0 = \dfrac{\pi}{4}D^2 p$
备注		D——缸径；d——活塞杆直径；F_1——安装状态时的弹簧力；F_2——压缩空气进入气缸后，弹簧处于被压缩状态时的弹簧力；p——气缸的工作压力	

3. 气缸的效率和负载率

气缸未加载时实际所能输出的力，会受到气缸活塞和缸筒之间、活塞杆和前缸盖之间的摩擦力影响。摩擦力的影响程度用气缸效率 η 表示。一般气缸的效率在 0.70～0.95。

从对气缸的特性研究可知，要精确确定气缸的实际输出力是困难的。于是，在研究气缸的性能和选择确定气缸缸径时，常用到负载率 β 的概念。气缸负载率 β 的定义为

$$负载率\ \beta = \frac{气缸的实际负载\ F}{气缸的理论输出力\ F_0} \times 100\%$$

气缸的实际负载是由工况所决定的，若确定了气缸负载率 β，则由定义就能确定气缸的理论输出力 F_0，从而计算气缸的缸径。气缸负载率的选取与气缸的负载性质、气缸的运动速度有关，如表 7-1-2 所示。

表 7-1-2　气缸的运动状态与负载率

负载的运动状态	静载荷（阻性负载）	动载荷（惯性负载）的运动速度 v		
		<100 mm/s	100～500 mm/s	>500 mm/s
负载率 β	0.8	≤0.65	≤0.5	≤0.3

4. 气缸的耗气量

气缸的耗气量是指气缸往复运动时所消耗的压缩空气量，耗气量大小与气缸的性能无关，但它是选择空气压缩机排量的重要依据。

1.2.3　气缸的选型及计算

1. 气缸的选型步骤

应根据工作要求和条件，正确选择气缸的类型。下面以单杆双作用气缸为例介绍气缸的选型步骤。

1）气缸缸径。根据气缸负载力的大小来确定气缸的输出力，由此计算出气缸的缸径。

2）气缸的行程。根据气缸的操作距离和传动机械的行程比确定，一般不选满行程，防止活塞和缸盖相碰。如果用于夹紧机构，则在计算出来的所需行程基础上增加 10 ~ 20 mm 的余量。

3）气缸的强度和稳定性计算。

4）气缸的安装形式。根据安装位置、使用目的等因素决定气缸的安装形式。原则是负载作用力方向应始终与气缸轴线方向一致，防止活塞杆弯曲。一般情况下，可选择固定式气缸。在需要随工作机构连续回转时（如车床、磨床等），应选用回转气缸；在既要求活塞杆做直线运动，又要求缸体做圆弧摆动时，应选用轴销式气缸。

5）气缸的缓冲装置。根据活塞的速度决定是否采用缓冲装置。

6）磁性开关。当气动系统采用电气控制方式时，可选用带磁性开关的气缸。

7）其他要求。如果气缸工作在有灰尘等恶劣环境下，则需在活塞杆伸出端安装防尘罩；要求无污染时，需选用无油润滑气缸。

2. 气缸缸径的计算

气缸缸径的设计、计算需根据其负载大小、运行速度和系统工作压力来决定。首先，根据气缸安装及驱动负载的实际工况，分析计算出气缸轴向实际负载 F，然后根据气缸平均速度选定气缸的负载率 β，初步选定气缸工作压力（一般为 0.4 ~ 0.6 MPa），再由 F/β，计算出气缸理论输出力 F_0，最后计算出缸径及杆径，并按标准圆整得到实际所需的缸径（表 7 - 1 - 3）和杆径。

表 7 - 1 - 3　气缸缸径尺寸系列　　　　　　　　　　　　mm

8	10	12	16	20	25	32	40	50	63	80	(90)	100	(110)
125	(140)	160	(180)	200	(220)	250	(280)	320	(360)	400	(450)	500	

注：圆括号内尺寸为非优先选用值。

例 1：气缸推动工件在水平导轨上运动。已知工件等运动件质量 $m = 250$ kg，工件与导轨之间的摩擦系数 $\mu = 0.25$，气缸行程 $s = 400$ mm，经 1.5 s 工件运动到位，系统压力 $p = 0.4$ MPa。试选定气缸缸径。

解：气缸实际轴向负载为

$$F = \mu m g = 0.25 \times 250 \times 9.8 \approx 613 \text{（N）}$$

气缸的平均速度为

$$v = \frac{s}{t} = \frac{400}{1.5} \approx 267 \ (\text{mm/s})$$

气缸理论输出力为

$$F_0 = \frac{F}{\beta} = \frac{613}{0.5} = 1\ 226 \ (\text{N}) \ (\text{选取负载率为} 0.5)$$

双作用气缸缸径为

$$D = \sqrt{\frac{4F_0}{\pi p}} = \sqrt{\frac{4 \times 1\ 226}{3.14 \times 0.4}} \approx 62.49 \ (\text{mm})$$

故按标准选定双作用气缸缸径为 63 mm。

1.3 其他气缸

1. 气–液阻尼气缸

气–液阻尼气缸又称气–液稳速缸，是一种由气缸和液压缸构成的组合缸。它由气缸产生驱动力，用油液的不可压缩性和液压缸的阻尼调节作用获得相对平稳的运动。与普通气缸相比，气–液阻尼气缸传动平稳、停位准确、噪声小；与液压缸相比，它不需要液压源，经济性好。由于气–液阻尼气缸同时具有气压传动和液压传动的优点，因此得到了越来越广泛的应用。

气–液阻尼气缸按结构不同，可分为串联式和并联式两种。图7-1-3所示是串联式气–液阻尼气缸的工作原理和外形。它将液压缸和气缸串联成为一个整体，两个活塞固定在一根活塞杆上。液压缸不用泵供油，只要充满油即可，其进、出口间装有液控单向阀、节流阀及补油杯。若压缩空气从 A 口进入气缸右侧，气缸克服载荷带动液压缸活塞向左运动（气缸左端排气），此时液压缸左腔排油，单向阀关闭，液压油由 D 口经节流阀流回右腔，对整个活塞的运动产生阻尼作用，调节节流阀即可改变活塞的运动速度；反之，压缩空气从 B 口进入气缸左侧，活塞向右运动，液压缸右侧排油，此时单向阀开启，无阻尼作用，活塞快速向右运动。

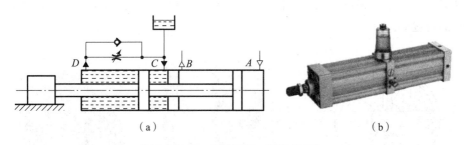

图7-1-3 串联式气–液阻尼气缸

(a) 工作原理；(b) 外形

2. 薄膜式气缸

薄膜式气缸是一种利用膜片在压缩空气作用下变形来推动活塞杆做直线运动的气缸，一般由缸体、活塞杆、膜片、膜盘及活塞等组成。其功能类似于活塞式气缸，可分为单作用式和双作用式两种，结构如图7-1-4所示。

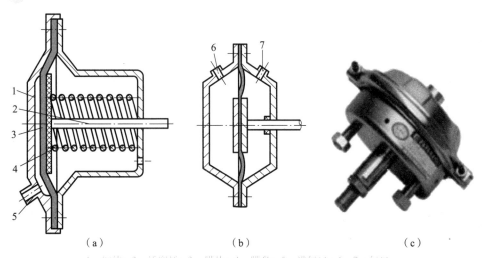

（a）　　　　　　　　　（b）　　　　　　　　　（c）

1—缸体；2—活塞杆；3—膜片；4—膜盘；5—进气口；6，7—气口

图 7-1-4　薄膜式气缸

（a）单作用式；（b）双作用式；（c）外形

薄膜式气缸和活塞式气缸相比较，具有结构紧凑、制造容易、成本低、维修方便、寿命长、密封性好等优点，但是膜片的变形量有限，故行程较短，一般不超过 50 mm，且气缸活塞杆上的输出力随着行程的加大而减小；常用于气动夹具、自动调节阀及短行程工作场合。

3. 摆动气缸

摆动气缸是利用压缩空气驱动输出轴在一定角度范围内做往复回转运动的气动执行元件，多用于安装位置受到限制或转动角度小于 360°的场合，如夹具的回转、阀门的开启、工作台转位等。

（1）叶片式摆动气缸

单叶片式摆动气缸的结构原理如图 7-1-5 所示。它是由叶片轴转子（即输出轴）、定子、缸体和前后端盖等部分组成的。定子和缸体固定在一起，叶片和转子连接在一起。在定子上有两条气路，当左路进气时，右路排气，压缩空气推动叶片带动转子顺时针摆动；反之，做逆时针摆动。

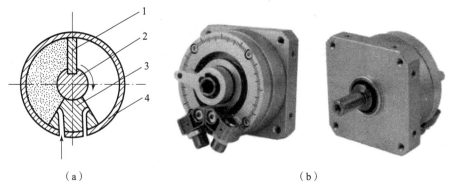

（a）　　　　　　　　　　　　　　　（b）

1—叶片；2—转子；3—定子；4—缸体

图 7-1-5　单叶片式摆动气缸

（a）结构原理；（b）外形

（2）齿轮齿条式摆动气缸

齿轮齿条式摆动气缸利用气压推动活塞带动齿条做往复直线运动，齿条再带动与之啮合的齿轮做旋转运动，由输出轴（齿轮轴）输出力矩。输出轴与外部机构的转轴相连，让外部结构做摆动。这种摆动气缸的回转角度不受限制，可超过 360°（实际使用中一般不超过360°），但不宜太大，否则齿条太长，给加工带来困难。

齿轮齿条式摆动气缸有单齿条和双齿条两种结构。图 7-1-6 所示为单齿条式摆动气缸。

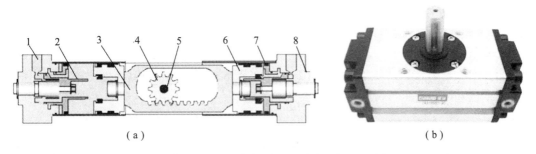

（a）　　　　　　　　　　　　　　　（b）

1—缓冲节流阀；2—缓冲柱塞；3—齿条组件；4—齿轮；
5—输出轴；6—活塞；7—缸筒；8—端盖
图 7-1-6　单齿条式摆动气缸
（a）结构；（b）外形

4. 无杆气缸

无杆气缸没有普通气缸的刚性活塞杆，它利用活塞直接或间接实现往复运动。这种气缸最大的优点是节省了安装空间，特别适合于小缸径、长行程的场合。

无杆气缸主要有机械接触式气缸、磁性耦合气缸、绳索气缸和钢带气缸。通常把机械接触式气缸简称为无杆气缸，把磁性耦合气缸称为磁性气缸。图 7-1-7 所示为一种磁性气缸。在活塞上安装一组高磁性的永久磁环后，其输出力的传递靠磁性耦合，由内磁铁带动缸筒外边的外磁铁与负载一起移动。其特点是无外部泄漏、小型、轻量化、节省轴向空间，可承受一定的横向负载等。

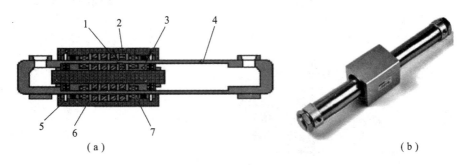

（a）　　　　　　　　　　　　　　　（b）

1—内磁铁；2—外磁铁；3—活塞；4—缸筒；5—缸体；6—导磁板；7—耐磨环。
图 7-1-7　磁性气缸
（a）结构原理；（b）外形

小知识

无杆气缸的行程最长可以达到 10 m，设备、负载等可以直接安装在溜板或外部滑块的承载面上，且气缸往返行程都可以输出力。

 知识拓展

气抓是一种特殊的气缸，也称手指气缸。气抓能实现各种抓取功能，是现代气动机械手的关键部件。一般情况下，气抓的开头分为两片，通过推动活塞，完成夹紧和收放的动作。

气抓类型	实物图	气抓类型	实物图
平行开闭式	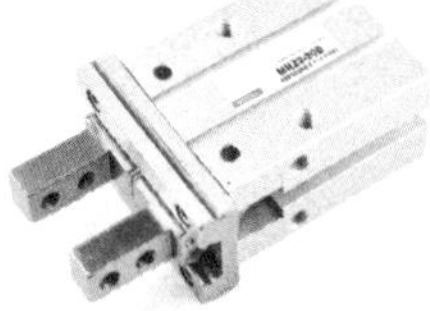	宽开度式	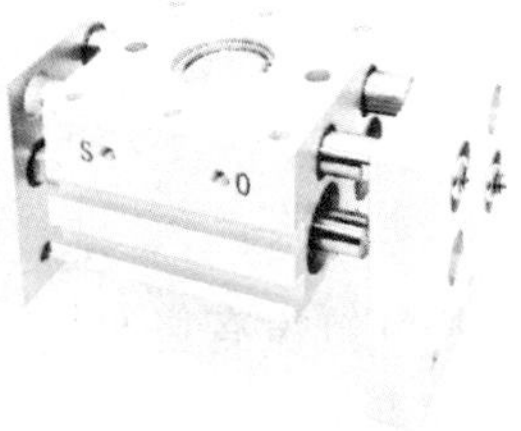
支点开闭式		四爪式	
旋转式			

实践活动

活动：认识气缸。

实践目的	通过对单杆双作用气缸的拆装，加深对气缸结构及工作原理的了解，初步认识气缸的加工和装配工艺
实践要求	按一定步骤拆解单杆双作用气缸，观察及了解各零件在气缸中的作用，了解单杆双作用气缸的工作原理，并重新装配单杆双作用气缸
参考步骤	1）准备好内六角扳手一套、橡胶板等器具。 2）卸下单杆双作用气缸的后缸盖。 3）卸下单杆双作用气缸的前缸盖。 4）卸下活塞杆和活塞组件。 5）卸下活塞密封圈。 6）观察主要零件的作用和结构。 7）按拆卸的反向顺序装配气缸。 8）将气缸外表面擦拭干净，整理工作台

注意：

1）拆装时要仔细谨慎，避免损坏工具或零件。

2）拆装过程中，注意不可使杂质进入元件内部。

想一想 刚才的实践活动你收获了哪些？

实践活动工作页

姓名：_____   学号：_____   日期：_____

实践内容：	
过程记录：	出现的问题及解决方法：
	实践心得：
小组评价	教师评价

知识点 2 气动马达

2.1 概述

气动马达是把压缩空气的压力能转换成机械能并产生旋转运动的气动执行元件，其作用相当于电动机或液压马达，即输出力矩带动机构做旋转运动。

气动马达按结构形式分为叶片式、活塞式和齿轮式。在气压传动中应用最广泛的是叶片式气动马达和活塞式气动马达。

2.2 气动马达的类型

1. 叶片式气动马达

叶片式气动马达（图 7-2-1）的结构主要包括一个径向装有 3~10 个叶片的转子，偏心安装在定子内，叶片在转子的槽内可径向滑动，叶片底部通有压缩空气，转子转动时靠离心力和叶片底部的气压将叶片压紧在定子内表面上。定子内有半圆形的切沟，提供压缩空气及排除废气。

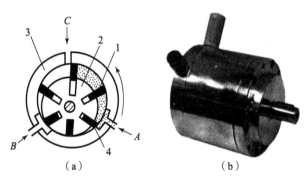

1、4—叶片；2—转子；3—定子

图 7-2-1　叶片式气动马达

（a）结构原理；（b）外形

当压缩空气从气口 A 进入气室后，小部分经定子两端的密封盖的槽进入叶片底部（图中未表示），将叶片推出，使叶片贴紧在定子内壁上；大部分压缩空气进入相应的密封空间喷向叶片 1、4，由于两叶片伸出长度不等，所以产生了转矩差，带动转子 2 做逆时针方向的转动，输出旋转的机械能。做功后的气体从排气口 C 排出，剩余残气则经 B 口排出（二次排气）。如需改变气动马达的旋转方向，只需改变进、排气口即可。

叶片式气动马达制造简单、结构紧凑，但低速运动转矩小、低速性能不好，适用于中低功率的机械，目前在矿山及风动工具中应用普遍。

2. 活塞式气动马达

活塞式气动马达是一种通过曲柄或斜盘将若干个活塞的直线运动转变为回转运动的气动马达，主要由连杆、曲轴、活塞、气缸、分配阀等组成。

活塞式气动马达按结构不同，可分为径向活塞式和轴向活塞式两种。径向活塞式气动马达的结构原理如图7-2-2所示，其工作室由活塞和缸体构成，为了保证转动平稳，需要若干个气缸。气缸围绕曲轴呈放射状分布，每个气缸通过连杆与曲轴相连。压缩空气经进气口进入分配阀后再进入气缸，推动活塞及连杆组件运动，再使曲柄旋转，同时带动固定在曲轴上的分配阀同步转动，使压缩空气随着分配阀角度位置的改变而进入不同的缸内，依次推动各个活塞运动，由各活塞及连杆带动曲轴连续运转。与此同时，与进气缸相对应的气缸则处于排气状态。改变进、排气方向，可实现气动马达的正、反转换向。

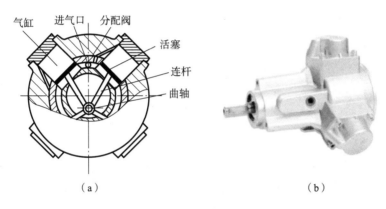

图7-2-2 径向活塞式气动马达

（a）结构原理；（b）外形

活塞式气动马达在低速情况下有较大的输出功率，它的低速性能好，适宜于载荷较大和要求低速转矩的机械，如起重机、绞车、绞盘、拉管机等。

3. 气动马达的特点

1）可以实现无级调速。只要控制进气压力和流量，就能调节气动马达的输出功率和转速。

2）能实现正反转。大多数气动马达只要简单地操作阀来改变马达进、排气方向，即能实现气动马达输出轴的正转和反转，并且可以瞬时换向。在正、反向转换时，时间短，冲击小，而且无须卸负荷。

3）工作安全，不受振动、高温、电磁、辐射等影响，适用于恶劣的工作环境，在易燃、易爆、高温、振动、潮湿、粉尘等不利条件下均能正常工作。

4）具有过载保护作用，不会因过载而发生故障。过载时，马达只是转速降低或停止，当过载解除后，可以立即重新正常运转，并不产生机件损坏等故障；可以长时间满载连续运转，温升较小。

5）具有较高的启动力矩，可以直接带载荷启动。

6）功率范围及转速范围较宽。功率小至几百瓦，大至几万瓦；转速可从零到每分钟万转。

7）操纵方便，维护检修较容易。

8）使用空气作为介质，无供应上的困难，用过的空气无须处理，排放到大气中无污染。压缩空气可以集中供应，便于远距离输送。

气动马达同时也具有输出功率小、耗气量大、效率低、噪声大、容易产生振动等缺点。

由于气动马达具有以上诸多特点，故它可在潮湿、高温、高粉尘等恶劣的环境下工作。目前气动马达在矿山机械中应用较多，在机械制造厂、油田、化工厂、造纸厂、炼钢厂等也有广泛使用。

单元小结

一、知识框架

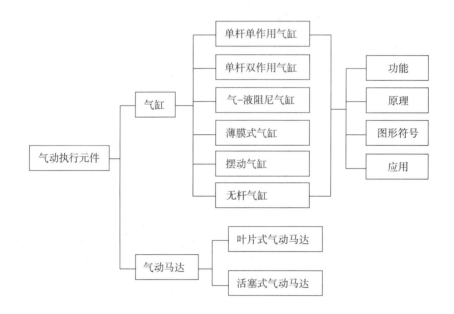

二、知识要点

1. 气动执行元件是将压缩空气的压力能转换为机械能的装置，包括气缸和气动马达。这两者的区别在于：气缸将压缩空气的压力能转换为做直线运动或在一定角度范围内做往复回转运动的机械能；气动马达将压缩空气的压力能转换为做连续回转运动的机械能。

2. 气缸有普通气缸，如活塞式单杆单作用气缸、单杆双作用气缸，还有特殊气缸，如气－液阻尼气缸、薄膜式气缸等；气动马达有叶片式气动马达、活塞式气动马达等。

3. 气缸的工作特性包括气缸的速度、理论输出力、效率和负载率、耗气量等。

综合练习

一、填空题

1. 气动执行元件是将压缩空气的_____能转换为_____能的元件，它根据输出运动形式不同可分为_____和_____。

2. 双作用气缸当无杆腔进气、有杆腔排气时，活塞杆_____；当有杆腔进气、无杆腔排气时，活塞杆_____。

3. 薄膜式气缸因其膜片的变形量有限，故其行程_____且气缸的输出力随行程的增加而_____。

4. 气 – 液阻尼气缸是由气缸和液压缸组合而成的，它以_____为能源，利用的是不可压缩性来控制_____以获得活塞的平稳运动与调节活塞的运动速度。

5. 气动马达按结构形式可分为_____、_____和_____。

二、判断题

1. 气 – 液阻尼气缸虽然能输出较稳定的运动速度，但是速度无法调节。　　　　（　　）

2. 气动执行元件是将气体的压力能转换为机械能的装置。　　　　（　　）

3. 气动马达的突出特点是具有防爆、高速、输出功率大、耗气量小等优点，但也有噪声大和易产生振动等缺点。　　　　（　　）

4. 气动马达具有较高的启动力矩，可以直接带动负载启动。　　　　（　　）

三、选择题

1. 单作用气缸（　　）进气。
　　A. 一端　　　　　　B. 两端　　　　　　C. 不确定

2. 下列气动马达中，（　　）输出转矩大、速度低。
　　A. 叶片式　　　　B. 活塞式　　　　　C. 薄膜式　　　　　D. 涡轮式

3. 摆动气缸按结构特点可分为（　　）和齿轮齿条式气缸两大类。
　　A. 叶片式气缸　　B. 双作用气缸　　C. 单作用气缸　　D. 活塞式气缸

单元八
气动控制阀和气动回路

情境导入

在使用仿形铣床（图8-1）加工零件时，铣床把样板给仿形触头的位移信号转换成电信号或气压信号，然后驱动铣床执行元件带动铣刀对工件进行各个部位、多种型面的切削加工。在加工的过程中，刀架的进给量、进给速度是不同的，并随着加工的进行而变化，用此刀架的进给速度也时刻都在变化。驱动和控制刀架运动的通常都是气压传动系统，那么气压传动系统是如何通过控制气缸和气动马达来实现刀架的直线或回转运动，又是如何实现工作台进给速度的实时调节，达到控制加工过程的目的呢？本单元将介绍气动系统中的控制阀及基本气动回路，并讨论它们在气动系统中的作用。

图8-1　仿形铣床

 学习要求

通过对本单元的学习，了解各种常用气动控制阀的工作原理、结构特点、图形符号和应用等；掌握常用气动基本回路的类型、组成、工作原理及应用等。学习时，应抓住问题的实质，掌握工作原理，通过图文对照、实物拆装、回路实验等手段加深对相关知识的理解。

知识点 **1** 方向控制阀及方向控制回路

1.1　气动控制阀的分类及作用

气动控制阀是指在气动系统中控制气流的压力、流量和流动方向，并保证气动执行元件或机构正常工作的各类气动元件。控制和调节压缩空气压力的元件称为压力控制阀。控制和调节压缩空气流量的元件称为流量控制阀。改变和控制气流流动方向的元件称为方向控制阀。除上述三类控制阀外，还有能实现一定逻辑功能的逻辑元件，包括元件内部无可动部件的射流元件和有可动部件的气动逻辑元件。在结构原理上，逻辑元件基本上和方向控制阀相同，只是体积和通径较小，一般用来实现信号的逻辑运算功能。近年来，随着气动元件的小型化以及 PLC 控制在气动系统中的大量应用，气动逻辑元件的应用范围正在逐渐减小。从控制方式来分，气动控制可分为断续控制和连续控制两类。在断续控制系统中，通常用压力控制阀、流量控制阀和方向控制阀来实现程序动作；在连续控制系统中，除了用压力、流量控制阀外，还要采用伺服、比例控制阀等，以便对系统进行连续控制。

1.2 方向控制阀

方向控制阀是用来控制和改变气动系统中气路通断或改变气流的流通方向，控制气动执行元件启动和停止，改变其运动方向和动作顺序的阀类。方向控制阀的工作原理是利用阀芯相对阀体的移动来改变气流的通路。

方向控制阀按其用途不同，可分为单向型控制阀和换向型控制阀两种。单向型控制阀主要用于控制气流的单方向流动；换向型控制阀主要用于改变气流的流动方向或接通、切断气路。

1.2.1 单向型控制阀

常见的单向型控制阀有单向阀、梭阀、双压阀和快速排气阀等（表 8 - 1 - 1 ~ 表 8 - 1 - 3）。

表 8 - 1 - 1 单向阀的结构及工作原理

类型	结构原理图	图形符号	工作原理
单向阀		（a）普通单向阀 （b）带复位弹簧的单向阀	气体从阀体 P 口流入，克服弹簧的作用力及阀芯与阀体之间的摩擦力，顶开阀芯，从阀体 A 口流出。当气体从 A 口流入时，作用在阀芯上的气动力与弹簧力一起使阀芯压紧在阀座上，使 P 口关闭，气体不能流过
气控单向阀			当控制气口 K 不通压力时，气流只能从 P 口流向 A 口，不能反向流动。当控制口 K 接通控制气流时，活塞下移通过顶杆顶开阀芯，使 P 口和 A 口接通，气流可在两个方向自由流动

表 8 - 1 - 2　梭阀和双压阀的结构及工作原理

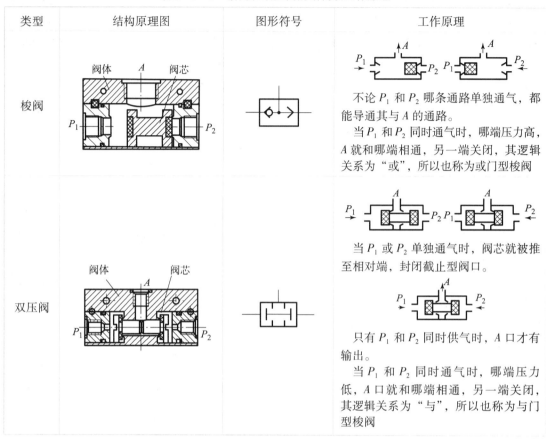

类型	结构原理图	图形符号	工作原理
梭阀			不论 P_1 和 P_2 哪条通路单独通气，都能导通其与 A 的通路。 当 P_1 和 P_2 同时通气时，哪端压力高，A 就和哪端相通，另一端关闭，其逻辑关系为"或"，所以也称为或门型梭阀
双压阀			当 P_1 或 P_2 单独通气时，阀芯就被推至相对端，封闭截止型阀口。 只有 P_1 和 P_2 同时供气时，A 口才有输出。 当 P_1 和 P_2 同时通气时，哪端压力低，A 口就和哪端相通，另一端关闭，其逻辑关系为"与"，所以也称为与门型梭阀

表 8 - 1 - 3　快速排气阀的结构及工作原理

类型	结构原理图	图形符号	工作原理
快速排气阀			当气流从 P 通入时，气流的压力使膜片封闭快速排气口 O，导通 P 口和 A 口；当 P 口没有压缩空气时，输出管路中的空气使膜片封闭 P 口，A 口通过快速排气口 O 排气（一般排到大气中）

1.2.2　换向型控制阀

换向型控制阀（简称换向阀），是通过改变气流通道而使气体流动方向发生变化，从而达到改变气动执行元件运动方向的目的。它包括气压控制换向阀、电磁控制换向阀、机械控制换向阀、人力控制换向阀和时间控制换向阀等。换向阀的类型有很多，根据阀芯在阀体中的工作位置数分为二位、三位等；根据所控制的通道数分为两通、三通、四通、五通等；根据阀芯驱动方式分为手动式、机动式、电磁式等；根据阀芯的结构形式分为滑阀式、锥阀式和球阀式等，其中滑阀式的应用最为广泛。

换向阀的工作原理：滑阀式换向阀由主体（阀芯和阀体）、控制机构以及定位机构组成。图 8 − 1 − 1 所示为滑阀式换向阀的工作原理：当阀芯处于图 8 − 1 − 1（a）所示位置时，1 与 2 相通，压缩空气进入有杆腔；3 与 5 相通，无杆腔的气体排出，活塞向左运动。当阀芯向右移至图 8 − 1 − 1（b）所示位置时，1 与 3 相通，压缩空气进入无杆腔；2 与 4 相通，有杆腔的气体排出，活塞向右运动。

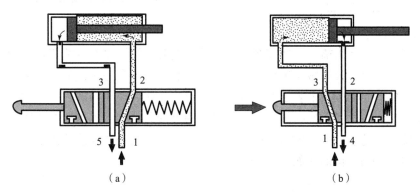

图 8 − 1 − 1　滑阀式换向阀的工作原理
（a）阀芯位于左位；（b）阀芯位于右位

图 8 − 1 − 2 所示为一个完整的三位五通电磁换向阀的职能符号。完整职能符号应包括主体部分、控制方式，表明工作位数、通口数和在各工作位置上气口的连通关系、控制方式以及复位、定位方法。对于三位五通换向阀还要表明其中位机能。

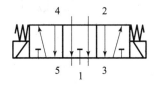

图 8 − 1 − 2　三位五通电磁换向阀的职能符号

职能符号中通常用一个粗实线框代表一个工作位置，通称"位"，由于该换向阀阀芯相对于阀体有三个工作位置，因而有三个方框。该换向阀共有 1、2、3、4 和 5 五个通口，所以在每个方框中，表示气路的通路与方框共有 5 个交点，称为"通"，在中间位置，由于各气口之间互不相通，则用"⊥"或"⊤"来表示。当阀芯向左移动时，表示该换向阀左位工作，即 1 与 2、5 与 4 相通；反之，1 与 4、2 与 3 相通，因此该换向阀被称为三位五通电磁换向阀。表 8 − 1 − 4 所示为换向阀的符号表示方式。

表 8－1－4　换向阀的符号表示方式

图形符号	图示含义
	方块表示阀的切换位置
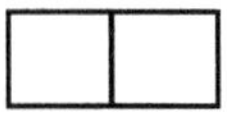	方块的数量表示阀有多少个切换位置
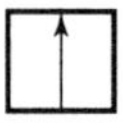	直线表示气流路径，箭头表示流动方向
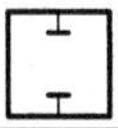	方块中用两个 T 形符号表示阀的通口被关闭
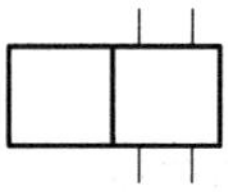	方块外的直线表示输入和输出口路径

　　换向阀用以下几点来描述：所控制的连接数、阀芯位置数以及气流路径。为防止错误的连接，阀的输入输出口都要做明确标识。换向阀的表示符号是通过阀的接口数目、切换位置的数目以及切换的驱动方式来表示的。这个表示符号无法表现出阀的内部结构，而只能表现出阀的功能。比如二位三通换向阀有三个端口和两个阀芯位置，也可称为 3/2 换向阀，前一个数字代表换向阀的端口数，即通数；后一个数字代表换向阀的阀芯位置数，即位数。常见的换向阀主体部分的结构形式如表 8－1－5 所示。

表 8－1－5　常见换向阀主体部分的结构形式

二位			
二通	三通	四通	五通
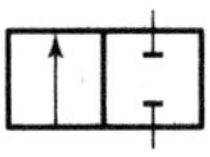 常断	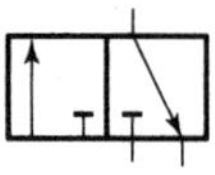 常通	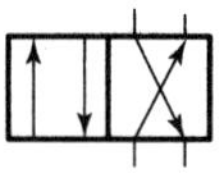	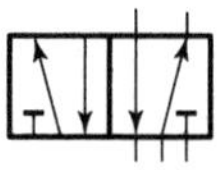
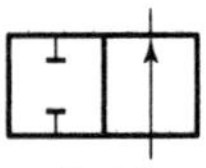 常断	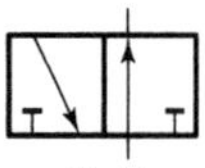 常通		
三位			
中位封闭型	中位加压型	中位泄压型	

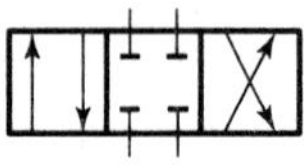

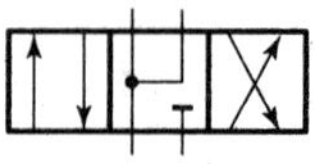

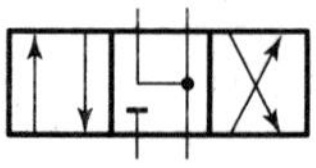

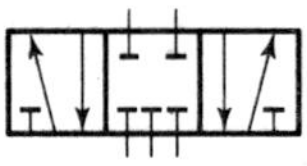

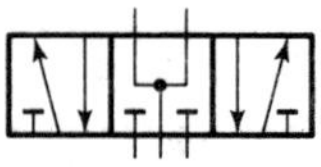

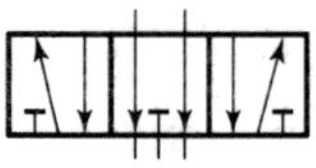

换向阀的端口可以用字母来标注，也可以按照 DIN ISO 5599 - 3 标准，用数字来标注。两种标注方式之间的关系见表 8 - 1 - 6。

表 8 - 1 - 6 换向阀端口的两种表示方式

端口	ISO 5599 - 3	字母编制体系
进气端口	1	P
工作端口	2，4	A，B
排气口	3，5	R，S
有气信号时使端口 1 和端口 2 不连通	10	Z
有气信号时使端口 1 和端口 2 连通	12	X
有气信号时使端口 1 和端口 4 连通	14	Y
辅助导向气路	81，91	Pz

如图 8 - 1 - 3 所示，换向阀各端口均为数字标注。

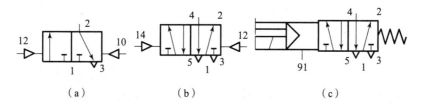

图 8 - 1 - 3 换向阀端口标注案例

（a）双气控 3/2 换向阀；（b）双气控 2/2 换向阀；（c）带手动控制单电控先导驱动 5/2 换向阀

换向阀按阀芯相对于阀体的运动方式不同，可分为滑阀式和转阀式两种，改变阀芯与阀体之间相对位置的动力源种类或操作方式为手动、机动、电磁动、液动和电液动等。当应用换向阀时，需要注意阀的主要控制方式以及复位控制方式。它们应标示在表示阀芯位置符号的方框两旁。表 8 - 1 - 7 所示为气动换向阀的主要控制方式。

表 8 - 1 - 7 气动换向阀的主要控制方式

控制方式	名称	符号	控制方式	名称	符号
人力控制	按钮式人力控制		电磁控制	单作用电磁控制	
	手柄式人力控制			双作用电磁控制	
	踏板式人力控制		电动机控制	电动机控制	

161

续表

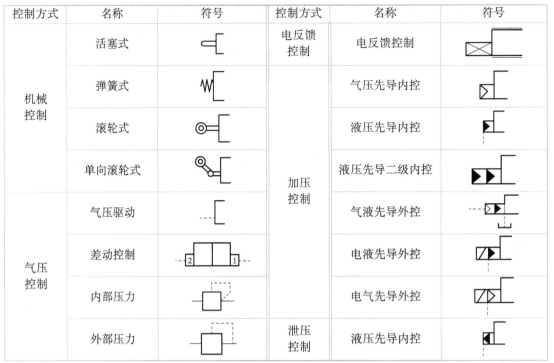

1.3 方向控制回路

方向控制回路是利用各种方向控制阀来控制气动系统中液流的通断和改变气流方向，以使执行元件进行工作启动、停止（包括锁紧）、换向，实现能量分配的回路。这种回路主要由各种方向控制阀组成，如单向阀、手动换向阀、机动换向阀、电动换向阀、气动换向阀、电液动换向阀等，或由几种换向阀联合控制，组成换向回路。以下要介绍的方向控制回路有换向回路、启停回路、差动回路和往复运动回路。

1.3.1 换向回路

换向回路用于控制气动系统中气流的方向，从而改变执行元件的运动方向。为此，要求换向回路应具有较高的换向精度、换向灵敏度和换向平稳性。运动部件的换向多采用电磁换向阀来实现（表8-1-8）。

表8-1-8 采用电磁换向阀的换向回路的特点及应用

换向阀	换向回路	回路描述	特点及应用
二位三通电磁换向阀	YA1 1—气源；2—气动二联件；3—二位三通电磁换向阀；4—单作用气缸。	对于采用二位三通电磁换向阀的换向回路，当电磁换向阀通电时，压缩空气进入气缸左腔，推动活塞杆向右移动；断电时，弹簧力使阀芯复位，压缩空气进入气缸右腔，推动活塞杆向左移动	单作用气缸通常使用二位三通换向阀来实现方向控制

续表

换向阀	换向回路	回路描述	特点及应用
二位五通电磁换向阀	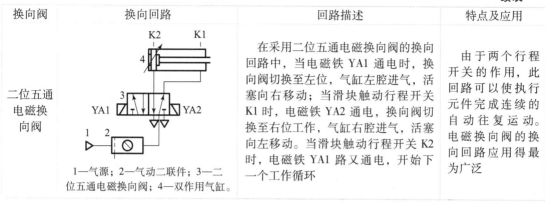 1—气源；2—气动二联件；3—二位五通电磁换向阀；4—双作用气缸。	在采用二位五通电磁换向阀的换向回路中，当电磁铁 YA1 通电时，换向阀切换至左位，气缸左腔进气，活塞向右移动；当滑块触动行程开关 K1 时，电磁铁 YA2 通电，换向阀切换至右位工作，气缸右腔进气，活塞向左移动。当滑块触动行程开关 K2 时，电磁铁 YA1 路又通电，开始下一个工作循环	由于两个行程开关的作用，此回路可以使执行元件完成连续的自动往复运动。电磁换向阀的换向回路应用得最为广泛

1.3.2　启停回路

气压传动系统中虽然可以通过启动和停止压缩机电动机的方法使执行元件启动和停止，但这样操作对电动机和电网都会产生不利影响。因此在气压传动系统中设置启动和停止的回路来实现启停控制（表8-1-9）。

表8-1-9　启停回路的特点及应用

换向阀	启停回路	回路描述	特点及应用
二位二通阀	系统 3 YA1 1　2 1—气源；2—气动二联件；3—二位二通电磁换向阀。	电磁铁 YA1 通电，换向阀左位接入，主气路断开，系统停止运动；电磁铁 YA1 断电，换向阀右位接入，系统启动	该回路要求二位二通阀能通过全部流量，故一般用于小流量系统

1.3.3　差动回路

差动回路的功能是通过气缸活塞两端的压力差来实现活塞伸缩动作，可以满足伸缩速度存在差异的场合（表8-1-10）。

表8-1-10　差动回路的特点及应用

换向阀	锁紧回路	回路描述	特点及应用
二位三通换向阀	4 3 YA1 1　2 1—气源；2—气动二联件；3—二位三通电磁换向阀；4—双作用气缸。	当电磁铁 YA1 得电时，气缸两端都进气，但是由于活塞两端存在压力差，所以活塞杆向右移动。当电磁铁 YA1 失电时，气缸左腔排气，气缸活塞向左收缩	这种换向回路结构简单，但由于通过压力差实现伸缩动作，存在速度差异，一般需要配合流量控制阀使用

1.3.4　往复运动回路

往复运动回路的特点及应用，见表 8 - 1 - 11。

表 8 - 1 - 11　往复运动回路的特点及应用

回路	气动布局图	回路描述	特点及应用
单往复运动回路	SQ1 SQ1 5　4 2　3 1 1—气源；2—二位三通手控换向阀；3—二位五通气控换向阀；4—二位三通滚轮换向阀；5—双作用气缸。	当按下手动二位三通换向阀按钮后，气控二位五通阀进入左位，压缩空气进入无杆腔，活塞杆向右移动。右移压缩滚轮阀，滚轮阀使气控二位五通阀进入右位，压缩空气进入有杆腔，活塞杆向左移动	这种换向回路结构简单，动作速度较快，手控阀每发出一次信号，气缸往复动作一次
连续往复运动回路	S2　S1 6　4　5 2 3 1 1—气源；2—二位五通气控换向阀；3—二位三通手控换向阀，4，5—二位三通滚轮换向阀；6—双作用气缸。	当按下手动二位三通换向阀按钮后，二位五通阀进入左位，活塞杆向右移动，右移压缩 S1，气路放气，二位五通阀通过弹簧复位，活塞杆向左移动，压缩 S2，二位五通阀换向，重复上述循环动作	手控阀发出信号后，气缸实现连续自动往复

知识点 2 压力控制阀及压力控制回路

2.1　压力控制阀

压力控制阀在气压传动系统中主要起调节、降低或稳定气源压力、控制执行元件的动作

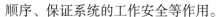

顺序、保证系统的工作安全等作用。

常用压力控制阀分为减压阀（调压阀）、顺序阀、溢流阀等。

2.1.1 减压阀

气压传动系统是由压缩机将空气压缩，储存在储气罐内，然后经管路输送给气动装置使用的。储气罐的压力比设备实际需要的压力高，并且压力波动较大，所以需要通过减压阀来得到压力较低并且稳定的供气。此外，在同一个气压传动系统中不同的执行元件对于压力的要求是不同的，因此需要一种元件为每个支路提供不同的稳定压力，这种元件就是减压阀。

减压阀是气压传动系统中的压力调节元件。减压阀按调节压力的方式分为直动式和先导式两种。直动式是借助弹簧力直接操纵的调压方式；先导式是用预先调整好的气压来代替直动式调压弹簧进行调压的，见表 8 - 2 - 1。

表 8 - 2 - 1　减压阀的结构及工作原理

类型	结构原理图	图形符号	工作原理
直动式减压阀	8 7 6 5 4 3 2 P_1 1 P_2 1—复位弹簧；2—阀口；3—阀芯； 4—阻尼孔；5—膜片；6，7—调压 弹簧；8—调压手轮		输入气流经 P_1 进入阀体，经阀口 2 节流减压后从 P_2 口输出，输出口的压力经过阻尼孔 4 进入膜片室，在膜片上产生向上的推力。当出口的压力 P_2 瞬时增高时，作用在膜片上向上的作用力增大，有部分气流经溢流口和排气口排出，同时减压阀阀芯在复位弹簧 1 的作用下向上运动，关小节流减压口，使出口压力降低；相反情况不难理解。调压手轮 8 可用来调节减压阀的输出压力。采用两个弹簧调压可使调节的压力更稳定
先导式减压阀	8 7 6 5 P_1 4 3 2 1 11 10 9 P_2 1—排气口；2—复位弹簧；3—阀口； 4—阀芯；5—固定节流孔；6—膜片； 7—调压弹簧；8—调压手轮；9—孔道； 10—喷嘴；11—挡板		与直动式减压阀相比，该阀增加了由喷嘴 10、挡板 11、固定节流孔 5 及气室所组成的喷嘴挡板放大环节。当喷嘴与挡板之间的距离发生微小变化时，气室中的压力就发生很明显的变化，从而使得膜片 6 有较大的位移，控制阀芯 4 上下移动，使进气阀口 3 开大或关小，提高了对阀芯控制的灵敏度，也提高了阀的稳压精度

2.1.2 顺序阀

顺序阀是根据入口处压力的大小控制阀口启闭的阀。目前应用较多的顺序阀是单向顺序

阀。单向顺序阀的结构及工作原理见表 8 – 2 – 2。

表 8 – 2 – 2 单向顺序阀的结构及工作原理

类型	结构原理图	图形符号	工作原理
单向顺序阀	7 6 5 4 3 2 1 P_2 P_1 1—单向阀芯；2—弹簧； 3—单向阀口；4—顺序阀口； 5—顺序阀芯；6—调压弹簧；7—调压手轮	P_2 P_1	当气流从 P_1 口进入时，单向阀反向关闭，压力达到调压弹簧 6 调定值时，阀芯上移，满足打开 P、A 调定值时，阀芯上移，打开 P、A 通道，实现顺序打开；当气流从 P_2 口流入时，气流顶开弹簧刚度很小的单向阀，打开 P_2、P_1 通道，实现单向阀的功能

2.1.3 溢流阀

溢流阀有先导式和直动式两种形式，先导式溢流阀又叫安全阀。安全阀在系统中起安全保护作用，当系统压力超过回路中各阀压力最高点时，打开安全阀自动放气，可保证系统的安全。直动式溢流阀是指当系统压力超过回路中预先设定最高点时，部分气体从排气侧放出，以保持回路内的压力在规定值。安全阀和直动式溢流阀的结构和工作原理基本相同，但是它们对于气动回路的作用不同（表 8 – 2 – 3）。

表 8 – 2 – 3 两种溢流阀的结构及工作原理

类型	结构原理图	图形符号	工作原理
先导式溢流阀（安全阀）	4 3 2 1 T P 1—阀座；2—阀芯； 3—膜片；4—先导压力控制口		它是靠比较控制口气体的压力和截止阀口气动的压力来进行工作的。压力超过膜片的调定值时顶开截止阀口，压缩空气从排气口急速喷出
直动式溢流阀	4 3 2 1 T P 1—阀座；2—阀芯； 3—调压弹簧；4—调压手轮		调节手柄 调压弹簧 活塞 O P 压力超过弹簧的调定值时顶开截止阀口，压缩空气从排气口急速喷出

知识拓展

组合阀将多个元件的功能组合起来，从而实现新的功能。

延时阀	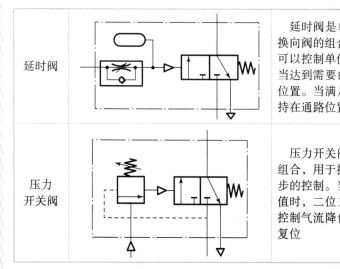	延时阀是单向节流阀、蓄能器和二位三通换向阀的组合。通过调节单向节流阀的旋钮，可以控制单位时间内流入蓄能器的气体流量。当达到需要的控制压力时，换向阀转到通路位置。当满足控制压力时，换向阀会一直保持在通路位置
压力开关阀		压力开关阀是溢流阀和二位三通换向阀的组合，用于控制系统利用压力信号进行进一步的控制。当控制气流达到溢流阀设定压力值时，二位三通一体阀就被驱动。相反地，控制气流降低到设定压力值以下时，阀就会复位

2.2　压力控制回路

气动控制回路中压力控制主要包括两方面：一是控制气源压力，避免出现压力过高，造成管路或元件损坏，确保气动回路安全；二是控制系统的使用压力，给元件提供必要的工作压力，维持元件的性能及发挥气动回路的功能，从而满足执行元件的输出力和运行速度。

2.2.1　调压回路

为了避免出现压力过高，造成管路或元件损坏，确保气压传动回路的安全，我们需要调压回路控制气源压力。调压回路分为一次压力控制回路和二次压力控制回路两种（表 8-2-4）。

表 8-2-4　调压回路的特点及应用

类型	结构原理图	回路描述	特点及应用
一次压力控制回路	1—空压机；2—单向阀；3—压力继电器；4—电触点压力表；5—安全阀	空压机 1 将压缩空气经单向阀 2 储存在储气罐，压力上升到预设的最高值时，电触点压力表 4 碰到上触点，压力继电器断电，空压机停止工作，压力不再上升；反之，压力下降到预设的最低值时，则打开空压机，继续充气	该回路用于控制气源系统中储气罐的压力，从而保证气压传动系统安全工作；因采用了安全阀而保证了系统出现电路故障时的及时泄压而保护了储气罐的安全

类型	结构原理图	回路描述	特点及应用
二次压力控制回路	1—气源；2—过滤器；3—带压力表的减压阀；4—二位三通电磁换向阀；5—单作用气缸。	一般使用气动二联件或三联件来保证气压传动系统得到稳定的工作压力	二次压力控制回路通常串联在气源压力控制回路的出口

2.2.2　高低压转换回路

在实际应用中，某些气压控制系统在不同的支路需要不同的工作压力，这就需要使用高低压转换回路来提供不同的工作压力（表 8-2-5）。

表 8-2-5　高低压转换回路的特点及应用

类型	结构原理图	回路描述	特点及应用
采用两个减压阀的高低压转换回路	1—气源；2—气动二联件；3，4—带压力表的减压阀	该回路有两个减压阀分别调出 P_1 和 P_2 两种不同的压力，气压传动系统就能够得到所需要的高、低压输出	该回路适用于负载差别较大的气压传动系统
采用换向阀的高低压转换回路	1—气源；2—气动二联件；3，4—带压力表的减压阀；5—二位三通电磁换向阀	该回路有两个减压阀分别调出 P_1 和 P_2 两种不同的压力，该系统通过二位三通换向阀切换便能够得到所需要的高、低压输出	该系统通过二位三通换向阀切换便能得到所需要的高、低压输出，灵活机动

知识点 3 流量控制阀及流量控制回路

3.1 流量控制阀

在气压传动系统中，流量控制阀就是通过改变阀的通流面积来实现流量控制的元件，通常用于控制气缸的运动速度、信号延迟时间、油雾器的油量调节等。

实现流量控制的装置有两种：一种是固定的局部阻力装置，如毛细管、孔板等；另一种是可调节的局部阻力装置，如节流阀、单向节流阀、排气节流阀、柔性节流阀等，如表 8 - 3 - 1 所示。

表 8 - 3 - 1 常用流量控制阀的类型、图形符号及工作原理

类型	结构原理图	图形符号	工作原理
节流阀	1—调节螺母；2—调节杆；3—节流阀阀口。		压缩空气从 P 口流向 A 口时通过旋转调节螺母 1 就可以调节阀口开度大小，从而调节流量
单向节流阀	1—单向密封阀芯；2—单向截止阀口；3—节流阀座；4—节流阀芯；5—调压手轮；6—阀座		气流从 P 口流入时，顶开单向密封阀芯 1，气流从阀座 6 的周边槽口流向 A 口，实现单向阀功能；当气流从 A 口流入时，单向密封阀芯 1 受力向左运动，紧抵单向截止阀口 2，气流经过节流口流向 P 口，实现反向节流功能
带消声器的排气节流阀	1—垫圈；2—手轮；3—节流阀杆；4—锁紧螺母；5—导套；6—O 形圈；7—消声材料；8—盖；9—阀体		带消声器的排气节流阀通常装在换向阀的排气口，工作原理和普通节流阀相同，排气节流阀控制排出气流的流量，从而实现改变气缸的运动速度。由于装有消声器，所以可以降低排气噪声

169

节流阀是通过改变阀的通流面积来实现流量调节的。要求节流阀流量的调节范围较宽，能进行微小流量调节，调节精确，性能稳定，阀芯开度与通过流量成正比。

 知识拓展

在流量控制阀中调节阀口开度进而调节流量的结构有许多，如图 8 − 3 − 1 所示，有平板式结构、针阀式结构和球阀式结构等。其中针阀式结构能实现对微小流量的精确调节，所以在流量调节阀中被广泛应用。

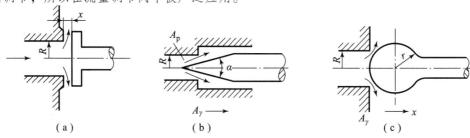

（a）　　　　　　　　　（b）　　　　　　　　　（c）

图 8 − 3 − 1　常见的节流阀阀口结构
（a）平板式结构；（b）针阀式结构；（c）球阀式结构

3.2　流量控制回路

流量控制回路就是通过使用单向节流阀控制流量的方法来控制气缸运动速度的气动回路，也称为调速回路。

调速回路的分类及结构，见表 8 − 3 − 2。

表 8 − 3 − 2　调速回路的分类及结构

	单作用气缸单向调速回路	单作用气缸双向调速回路
单作用气缸调速回路	1—气源；2—二位三通电磁换向阀；3—单向节流阀；4—单作用气缸。	1—气源；2—二位三通电磁换向阀；3，4—单向节流阀；5—单作用气缸。
	利用单向节流阀实现了活塞杆伸出速度可调	利用两个单向节流阀实现了活塞杆双向速度可调

续表

	双作用气缸单向调速回路	双作用气缸双向调速回路
双作用气缸调速回路	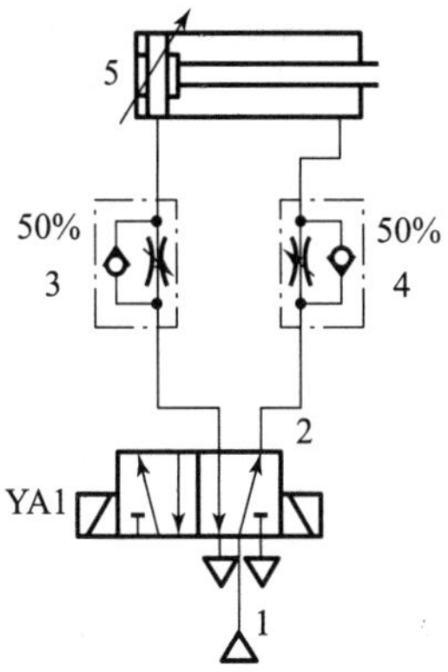5 50% 3 50% 4 2 YA1 1 1—气源；2—二位三通电磁换向阀； 3，4—单向节流阀；5—双作用气缸。	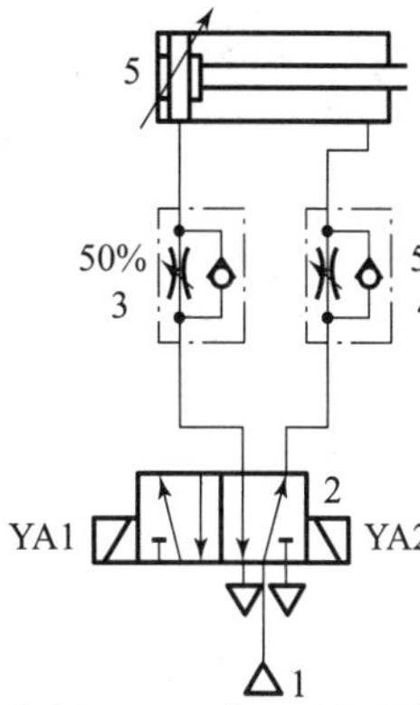5 50% 3 50% 4 2 YA1 YA2 1 1—气源；2—二位五通电磁换向阀； 3，4—单向节流阀；5—双作用气缸。
	利用单向节流阀实现了活塞杆伸出速度可调	利用两个单向节流阀实现了活塞杆双向速度可调

实践活动

活动 1：气缸的直接控制。

实践目的	理解常见换向回路的构成、特点及控制方式	
实践要求	1）理解换向阀的“位”和“通”的概念。 2）掌握换向阀的结构和工作原理。 3）掌握换向回路的基本组成和换向阀在回路中的作用。 4）熟悉换向阀换向的操纵方式	
气动控制图	二位三通电磁换向阀直接换向回路	二位五通电磁换向阀直接换向回路
	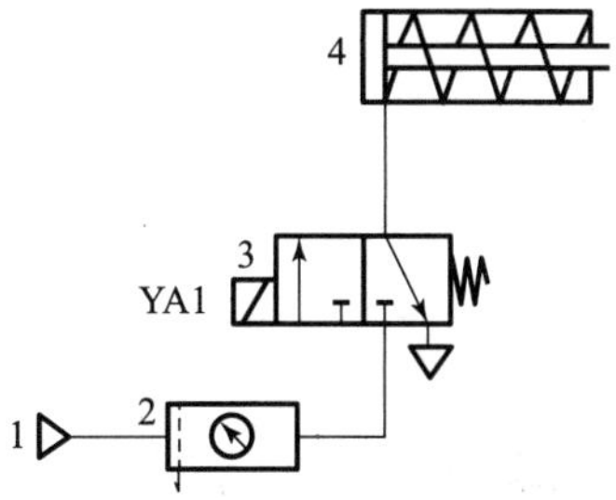4 3 YA1 2 1 1—气源；2—气动二联件；3—二位 三通电磁换向阀；4—单作用气缸	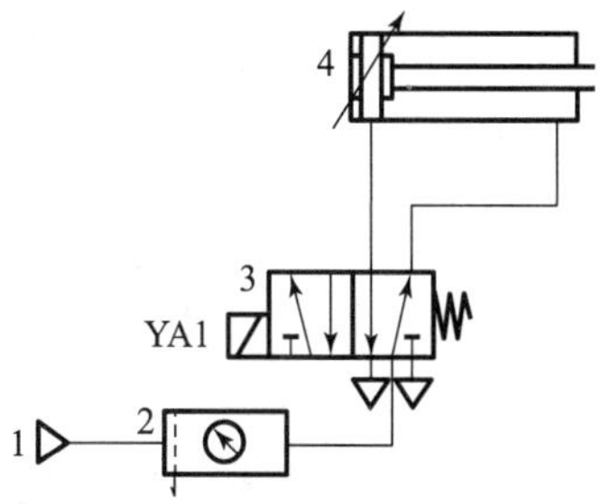4 3 YA1 2 1 1—气源；2—气动二联件；3—二位五通 电磁换向阀；4—双作用气缸
工作原理	如上图所示，电磁铁 YA1 失电时，压缩空气从气缸 4 无杆腔经过换向阀 3 右位排出，气缸 4 活塞杆受弹簧推力退回。 电磁铁 YA1 得电时，压缩空气经过换向阀 3 左位进入气缸 4 无杆腔，气缸 4 活塞杆伸出	如上图所示，电磁铁 YA1 失电时，压缩空气经过换向阀 3 右位进入气缸 4 有杆腔，气缸 4 活塞杆退回。 电磁铁 YA1 得电时，压缩空气经过换向阀 3 左位进入气缸 4 无杆腔，气缸 4 活塞杆伸出

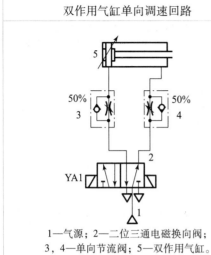

续表

参考步骤	根据实践目的和要求，完成本项实践。 1）按照技能训练内容，正确选取所需的气动元件，并检查其性能的完好性。 2）将检验好的气动元件安装在实训台插件板上的适当位置，使用软管按照回路要求，把各个元件连接起来。 3）将电磁阀与控制线连接起来。 4）按照回路图，确认安装连接正确后，启动电源和空气压缩机并调节输出压力。经过检查确认正确无误后，再打开空气压缩机出气阀门。 5）详细分析回路中电磁阀处于不同位置工作时气缸的动作顺序。 6）完成实践后，应先关闭电源，使空气压缩机停止工作。经确认回路中压力为零后，取下连接气管和元件，归类放入规定的地方

想一想　通过刚才的实践活动，你觉得单作用气缸与双作用气缸使用时有哪些不同，要注意什么？

实践活动工作页

姓名：_____　　　学号：_____　　　日期：_____

实践内容：

过程记录：	出现的问题及解决方法：
	实践心得：
小组评价		教师评价	

活动 2：气缸的间接控制。

实践目的	理解常见换向回路的构成、特点及控制方式	
实践要求	1）理解换向阀的"位"和"通"的概念。 2）掌握换向阀的结构和工作原理。 3）掌握换向回路的基本组成和换向阀在回路中的作用。 4）熟悉换向阀换向的操纵方式	
气动 控制图	单作用气缸间接换向回路 1—气源；2—气动二联件；3—二位三通 电磁换向阀；4—二位三通气控换向阀； 5—单作用气缸	双作用气缸间接换向回路 1—气源；2—气动二联件；3，4—二位三通 电磁换向阀；5—二位五通双气控换向阀； 6—双作用气缸
工作原理	如上图所示，压缩空气从气缸 5 无杆腔经过换向阀 4 右位排出，气缸 5 活塞杆受弹簧推力退回。 　　电磁铁 YA1 得电时，压缩空气经过换向阀 3 左位进入换向阀 4 的控制口，使压缩空气可以经过换向阀 4 左位进入气缸 5 无杆腔，气缸 5 活塞杆伸出	如上图所示，电磁铁 YA2 得电时，压缩空气经过换向阀 5 右位进入气缸 6 有杆腔，气缸 6 活塞杆退回。 　　电磁铁 YA1 得电时，压缩空气经过换向阀 5 左位进入气缸 6 无杆腔，气缸 6 活塞杆伸出
参考步骤	根据实践目的和要求，完成本项实践。 　　1）按照技能训练内容，正确选取所需的气动元件，并检查其性能的完好性。 　　2）将检验好的气动元件安装在实训台插件板上的适当位置，使用软管按照回路要求，把各个元件连接起来。 　　3）将电磁阀与控制线连接起来。 　　4）按照回路图，确认安装连接正确后，启动电源和空气压缩机并调节输出压力。经过检查确认正确无误后，再打开空气压缩机出气阀门。 　　5）详细分析回路中电磁阀处于不同位置工作时气缸的动作顺序。 　　6）完成实践后，应先关闭电源，使空气压缩机停止工作。经确认回路中压力为零后，取下连接气管和元件，归类放入规定的地方	

　　　想一想　　在刚才的实践活动中你收获了哪些？两种换向回路有什么区别？在安装调试过程中你碰到了什么问题？

实践活动工作页

姓名：_____ 学号：_____ 日期：_____

实践内容：

过程记录：

出现的问题及解决方法：

实践心得：

小组评价		教师评价	

活动3：气缸的逻辑控制。

实践目的	理解常见逻辑控制回路的构成、特点及控制方式
实践要求	1）理解梭阀逻辑"或"和双压阀"与"的概念。 2）掌握梭阀和双压阀的结构和工作原理。 3）掌握逻辑控制回路的基本组成及梭阀、双压阀在回路中的作用。 4）熟悉梭阀和双压阀逻辑控制的操纵方式
气动 控制图（1）	利用梭阀控制的双作用气缸换向回路  1—气源；2—气动二联件；3—二位三通电磁换向阀；4—二位三通手控换向阀； 5—梭阀；6—二位五通双气控换向阀；7—双作用气缸
工作原理 （1）	初始状态：如上图所示，换向阀3与4处于右位，无输出气压信号，换向阀6处于右位，压缩空气经过换向阀6右位进入双作用气缸7的有杆腔，气缸7活塞杆收缩。 　　工作状态：按下换向阀4按钮或者使电磁铁YA1得电，换向阀6进入左位，压缩空气经过换向阀6左位进入双作用气缸7的无杆腔，气缸7活塞杆伸出。 　　复位状态：复位换向阀4按钮并且使电磁铁YA1失电，换向阀6通过弹簧复位，压缩空气经过换向阀6右位进入双作用气缸7的有杆腔，气缸7活塞杆收缩
气动 控制图（2）	利用双压阀控制的双作用气缸换向回路 1—气源；2—气动二联件；3—二位三通电磁换向阀；4—二位三通手控换向阀； 5—双压阀；6—二位五通双气控换向阀；7—双作用气缸

工作原理（2）	初始状态：如上图所示，换向阀 3 与 4 处于右位，无输出气压信号，换向阀 6 处于右位，压缩空气经过换向阀 6 右位进入双作用气缸 7 的有杆腔，气缸 7 活塞杆收缩。 　　工作状态：按下换向阀 4 按钮并且使电磁铁 YA1 得电，换向阀 6 进入左位，压缩空气经过换向阀 6 左位进入双作用气缸 7 的无杆腔，气缸 7 活塞杆伸出。 　　复位状态：复位换向阀 4 按钮或者使电磁铁 YA1 失电，换向阀 6 通过弹簧复位，压缩空气经过换向阀 6 右位进入双作用气缸 7 的有杆腔，气缸 7 活塞杆收缩
参考步骤	根据实践目的和要求，完成本项实践。 　1）按照技能训练内容，正确选取所需的气动元件，并检查其性能的完好性。 　2）将检验好的气动元件安装在实训台插件板上的适当位置，使用软管按照回路要求，把各个元件连接起来。 　3）将电磁阀与控制线连接起来。 　4）按照回路图，确认安装连接正确后，启动电源和空气压缩机并调节输出压力。经过检查确认正确无误后，再打开空气压缩机出气阀门。 　5）详细分析回路中电磁阀处于不同位置工作时气缸的动作顺序。 　6）完成实践后，应先关闭电源，使空气压缩机停止工作。经确认回路中压力为零后，取下连接气管和元件，归类放入规定的地方

想一想　从刚才的实践活动中你收获了哪些？你觉得梭阀和双压阀分别适用于哪些不同情况？

实践活动工作页

姓名：_____　　　　　学号：_____　　　　　日期：_____

实践内容：

过程记录：	出现的问题及解决方法：
	实践心得：
小组评价	教师评价

活动 4：气缸的连续往复回路。

实践目的	理解常见电气控制回路的构成、特点及控制方式
实践要求	1）理解电气控制连续往复回路的概念。 2）掌握双电控电磁阀的连续往复回路的结构和工作原理。 3）掌握双电控电磁阀的连续往复回路的基本组成。 4）熟悉双电控电磁阀的连续往复回路的操纵方式
双电控电磁阀的连续往复回路	
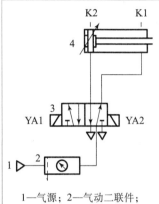 1—气源；2—气动二联件； 3—二位五通电磁换向阀； 4—双作用气缸； K1，K2—磁感应式接近开关	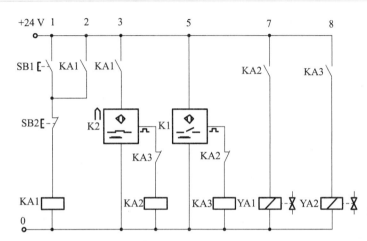
工作原理	按下 SB1 →KA1 线圈得电 { KA1（2）闭合→KA1 自锁系统启动 KA1（3）闭合→KA2 线圈得电→KA2（7）闭合→YA1 线圈得电→气缸 4 活塞 伸出→K2 断开→KA2 线圈失电→KA2（7）断开→YA1 线圈失电 └→K1 闭合→KA3 线圈得电→KA3（8）闭合→YA2 线圈得电→气缸 4 活塞缩回 K1，K2 两个磁感应式接近开关交替工作，YA1 和 YA2 两个电磁铁交替得电使双作用气缸实现连续往复运动
参考步骤	根据实践目的和要求，完成本项实践。 1）按照技能训练内容，正确选取所需的气动元件，并检查其性能的完好性。 2）将检验好的气动元件安装在实训台插件板上的适当位置，使用软管按照回路要求，把各个元件连接起来。 3）将电磁阀与控制线连接起来。 4）按照回路图，确认安装连接正确后，启动电源和空气压缩机并调节输出压力。经过检查确认正确无误后，再打开空气压缩机出气阀门。 5）详细分析回路中电磁阀处于不同位置工作时气缸的动作顺序。 6）完成实践后，应先关闭电源，使空气压缩机停止工作。经确认回路中压力为零后，取下连接气管和元件，归类放入规定的地方

⚖ 想一想　从刚才的实践活动中你收获了哪些？如果想要使用单控电磁换向阀来实现上述功能，应当如何设计电路？

实践活动工作页

姓名：_____　　　　学号：_____　　　　日期：_____

实践内容：

过程记录：	出现的问题及解决方法：
	实践心得：

小组评价		教师评价	

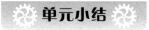

单元小结

一、知识框架

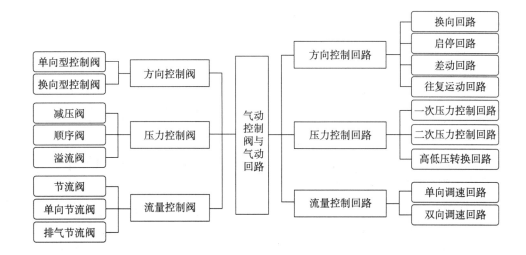

二、知识要点

1. 气动基本回路按功能分为方向控制回路、压力控制回路和流量控制回路三类。

2. 方向控制阀按其用途不同，可分为单向型控制阀和换向型控制阀两种。方向控制回路有换向回路、启停回路、差动回路和往复运动回路。

3. 压力控制主要包括两方面：一是控制气源压力，避免出现压力过高，造成管路或元件损坏，确保气动回路安全；二是控制系统的使用压力，给元件提供必要的工作压力，维持元件的性能及发挥气动回路的功能，从而满足执行元件的输出力和运行速度。

4. 流量控制阀通过改变阀的通流面积来实现流量控制。实现流量控制的方法有两种：一种是固定的局部阻力装置；另一种是可调节的局部阻力装置。常用流量控制阀有节流阀、单向节流阀、排气节流阀、柔性节流阀等。流量控制回路通过控制流量的方法来控制气缸运动速度。

综合练习

一、填空题

1. 根据用途和工作特点的不同，基本气动回路主要分为_____、_____、_____三大类。

2. 方向控制阀包括_____和_____。

3. 单向阀的作用是_____。

4. 压力控制回路有_____、_____和_____。

5. 按阀芯运动方式，换向阀可分为_____、_____。按阀芯运动的控制方式，换向阀可分为_____、_____、_____、_____和_____换向阀。

6. 换向阀上标识的字母 P 代表_____口，数字标识是_____；字母 R 代表_____口，数字标识是_____。

二、选择题

1. 常用的电磁换向阀是控制气流的（　　）的。
   A. 流量　　　　　　B. 压力　　　　　　C. 方向

2. 顺序阀一般与（　　）一起使用。
   A. 单向阀　　　　B. 溢流阀　　　　C. 减压阀　　　　D. 节流阀

3. 二次压力控制回路采用（　　）。
   A. 顺序阀　　　　B. 溢流阀　　　　C. 排气阀　　　　D. 节流阀

4. 下列图中，梭阀的图形符号是（　　）。

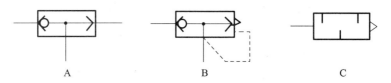

A　　　　　　　　　　　B　　　　　　　　　　　C

三、简答题

1. 请简述减压阀、顺序阀、溢流阀在气动系统中的作用，并画出它们的符号。

2. 请简述如图 8 - t - 1 所示气动回路的作用。

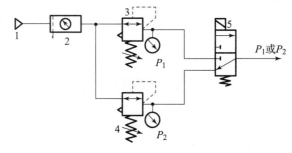

1—气源；2—气动二联件；3，4—带压力表的减压阀；5—二位三通电磁换向阀。

图 8 - t - 1　气动回路

3. 请简述双压阀与梭阀的工作原理，并画出各自的图形符号。

四、综合题

请简述如图 8 - t - 2 所示气动回路的工作原理，并将该气动回路改成气缸活塞前进到位后延时后退的往复回路。

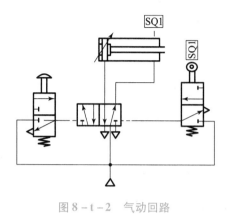

图 8 - t - 2　气动回路

单元九
典型液压与气压传动系统

情境导入

在工业生产中经常能看到组合机床动力滑台（图9-1）、数控车床（图9-2）液压传动系统、液压机以及气动机械手（图9-3）设备，这些设备在生产领域的各个层面都会用到，它们是由一些简单回路组合而成的，为生产提供源源不断的能源。根据液压和气压的不同特点，各类设备有其不同的工作特性。一般液压传动系统能提供平稳的较大压力，气压传动系统能够迅速准确地工作。

图9-1　组合机床动力滑台

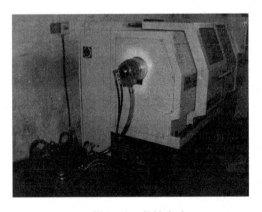

图9-2　数控车床

图9-3　气动机械手

 学习要求

通过对本单元的学习，了解组合机床动力滑台、数控车床液压传动系统、液压机以及气动机械手设备中常见的液压、气压传动系统，理解回路一般的控制过程和方法，了解常见设备的维护知识。

知识点 1 组合机床动力滑台液压传动系统

组合机床是一种高效率的专用机床，液压动力滑台是组合机床上用来实现进给运动的一种通用部件，其运动是靠液压缸驱动的。根据加工需要，滑台上安装动力箱和多轴主轴箱，用以完成钻、铰、铣、镗、刮端面、倒角、攻螺纹等工序，并可实现多种工作循环。

该系统采用限压式变量泵供油、电液动换向阀换向（图9-1-1）；由液压缸差动连接来实现快进；用行程阀实现快进与工进的转换；通过二位二通换向阀进行两个工进速度之间的换接。通常实现的工作循环为：快进→第一次工进→第二次工进→止挡块停留→快退→原位停止。

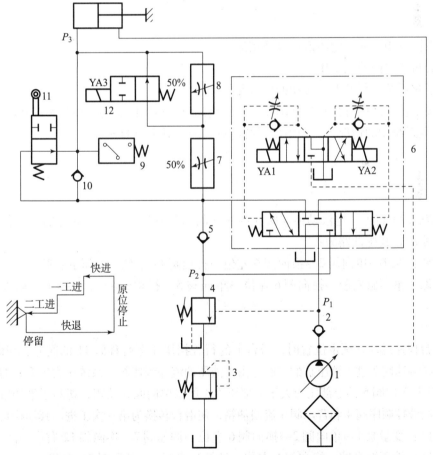

1—变量泵；2，5，10—单向阀；3—背压阀；4—液控顺序阀；6，12—换向阀；
7，8—调速阀；9—压力继电器；11—行程阀；

图9-1-1 动力滑台液压系统

电磁铁动作顺序如表 9 – 1 – 1 所示。注意" + "表示电磁阀通电或行程阀压下，" – "表示电磁阀失电或行程阀松开。一般电磁阀均有手动控制的旋钮作为停电检修时的备用按钮。

表 9 – 1 – 1　动作顺序

动作顺序	电磁阀			行程阀 11
	YA1	YA2	YA3	
快进	+	–	–	–
一工进	+	–	–	+
二工进	+	–	+	+
止挡块停留	+	–	+	+
快退	–	+	–	+ / –
原位停止	–	–	–	–

1.1　液压传动系统图的阅读方法

1）看懂图中各元件的图形符号及用途。

2）分析基本回路及功用。

3）了解系统工作及循环转换的信号元件。

4）按工作循环图分析其顺序动作。特别是注意主控阀阀芯的切换是否存在障碍。

在读懂系统图的情况下，归纳出系统特点，加深对系统的理解。

1.2　动力滑台液压系统分析

1. 快进

电磁铁 YA1 得电，电液动换向阀 6 的先导阀阀芯右移，引起主阀芯右移，使其主阀的左位接入系统，其主油路为：

进油路：泵 1→单向阀 2→换向阀 6 左位→行程阀 11 下位→液压缸左腔；

回油路：液压缸右腔→换向阀 6 左位→单向阀 5→行程阀 11 下位→液压缸左腔，形成差动连接。

2. 第一次工进

当滑台快速运动到预定位置时，滑台上的行程挡块压下行程阀 11 的阀芯，切断该通道，使液压油经调速阀 7 进入液压缸的左腔。由于液压油流经调速阀，系统压力上升；打开液控顺序阀 4，此时单向阀 5 的上部压力大于下部压力，所以单向阀 5 关闭，切断了液压缸的差动回路，回油经液控顺序阀 4 和背压阀 3 流回油箱，使滑台转换为第一次工进。其油路是：

进油路：变量泵 1→单向阀 2→换向阀 6 左位→调速阀 7→换向阀 12 右位→液压缸左腔；

回油路：液压缸右腔→换向阀 6 左位→液控顺序阀 4→背压阀 3→油箱。

因为工作进给时，系统压力升高，所以变量泵 1 的输油量自动减小，以适应工作进给的需要，进给量大小由调速阀 7 调节。

3. 第二次工进

第一次工进结束后，行程挡块压下行程开关使 YA3 通电，二位二通换向阀将通路切断，进油必须经调速阀 7、8 才能进入液压缸，此时由于调速阀 8 的开口量小于调速阀 7，所以进给速度再次降低。其他油路情况同第一次工进。

4. 止挡块停留

滑台工作进给完毕之后，碰上止挡块，滑台不再前进，停留在止挡块处，同时系统压力升高，当升高到压力继电器 9 的调整值时，压力继电器动作，经过时间继电器的延时，再发出信号使滑台返回，滑台的停留时间可由时间继电器在一定范围内调整。

5. 快退

时间继电器经延时发出信号，YA2 通电，YA1、YA3 断电，主油路为：

进油路：变量泵 1→单向阀 2→换向阀 6 右位→液压缸右腔；

回油路：液压缸左腔→单向阀 10→换向阀 6 右位→油箱。

6. 原位停止

当滑台退回到原位时，行程挡块压下行程开关，发出信号，使 YA2 断电，换向阀 6 处于中位，液压缸失去液压动力源，滑台停止运动。液压泵输出的液压油经换向阀 6 直接回油箱，泵卸荷。

 小知识

换向阀 6 为液控换向阀，由两个阀组合而成，动力滑台的搭建涉及系统中的压力和负载，往往需要经过详细复杂的运算，我们维修或更换时要根据原有配件进行合理的更换。

1.3 动力滑台液压工作系统特点

由以上分析可知，该液压传动系统主要采用了下列基本回路：

1）限压式变量泵和调速阀组成了容积节流调速回路。

2）差动连接的快速运动回路。

3）电液换向阀的换向回路（三位换向阀的卸荷回路）。

4）行程阀和电磁换向阀的速度转换回路。

5）串联调速阀的二次进给回路。

这些基本回路就决定了系统的主要性能，其具体特点如下：

1）采用限压式变量泵和调速阀组成了容积节流调速回路，并在回油路上设置了背压阀，可使滑台获得稳定的低速运动和较好的速度负载特性。

2）采用限压式变量泵和调速阀组成了容积节流调速回路，当快进转工进和止挡块停留时，没有溢流造成的功率损失，系统的效率较高；又因为使用了差动连接快速回路，能量的利用比较经济合理。

3）采用行程阀、液控顺序阀进行速度转换时，速度转换平稳，转换位置精度高。

4）在工作进给结束时，采用止挡块停留，工作台停留位置精度高。

5）由于采用了调速阀串联的二次进给进油路节流调速方式，可使启动和进给速度转换时的前冲量较小，有利于利用压力继电器发出信号进行自动控制。

 知识拓展

1. 动力滑台运动速度的调整步骤

1）根据限压式变量泵的说明书或有关资料要求以及系统工况和机床工艺要求等确定变量泵 1 的压力及流量。

2）适当拧紧液控顺序阀 4 的调节手柄（保证液压缸形成差动连接），将变量泵 1 的压力调节螺母拧紧 2~3 转（保证变量泵 1 的限定压力高于快进时所需最大压力），再按下启动按钮，使滑台快速前进，同时，用钢直尺和秒表测量快进速度，并调节变量泵 1 的流量调节螺钉，直至测得快进速度符合要求再锁紧。

3）将压力计开关接通 P 测压点，让滑台处于止挡块停留状态，调节变量泵 1 的压力调节螺钉，直到压力计读数为所要求的读数为止。

4）将调速阀 7 全开，将背压阀 3 的调节手柄拧至最松，使滑台从原位开始运动。先观察快进 P_1 测压点最大压力，并判断是否低于变量泵 1 的限定压力（若高于其限定压力，应重新调整）。当止挡块压下行程阀 11 后，逐渐关小调速阀 7，同时观察液控顺序阀 4 打开时 P_1 测压点的压力，液控顺序阀 4 打开时的压力比快进时最大压力高 0.5~0.8 MPa 即可。若差值不符合要求，则根据其差值微调液控顺序阀 4，直至符合要求再锁紧液控顺序阀 4 的调节手柄。

5）先将调速阀 7 关闭，使滑台处于第一次工进状态（无切削工进），再慢慢开大调速阀 7，同时用秒表和钢直尺（工作速度很低时用百分表）测速度，当速度符合第一次工进速度要求时，拧紧调速阀 7 的调节手柄；然后使滑台处于第二次工进状态（有切削工进），用同样的方法调整第二次工进速度。

6）使压力计开关接通 P_2 测压点，滑台处于工作进给状态，调节背压阀 3，使压力计读数为 0.3~0.5 MPa 再锁紧背压阀 3 的调节手柄。

7）测几次有工件试切时的实际工作循环各阶段的速度，若发现快进和快退速度高了，可微调变量泵 1 的流量调节螺钉，直至符合要求再锁紧；若发现工作进给速度低了且不稳定，则微量拧紧变量泵 1 的压力调节螺钉，直至符合要求后再锁紧。

2. 滑台工作循环的调整

1）根据工艺要求调整止挡块位置。

2）让压力计开关接通 P_3 测压点，将压力继电器 9 的调节螺钉拧紧 1~2 转，经压力计观察有工件切削时的最大压力和碰到止挡块后压力继电器 9 的动作压力，若动作压力比工进时的最大压力高 0.3~0.5 MPa，同时比变量泵 1 的极限压力低 0.3~0.5 MPa，即调整完毕；若差值不符合要求，则再微调压力继电器 9 的调节螺钉或变量泵 1 的压力调节螺钉，直至符合要求为止。

3）根据运动行程要求调整挡块位置，根据工作循环调整控制方案。

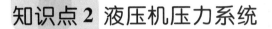

知识点 2 液压机压力系统

　　图 9 - 2 - 1 所示为常见的液压机设备，液压机是一种以液体为工作介质，根据帕斯卡定律制成的用于传递能量以实现各种工艺的机器。液压机一般由本机（主机）、动力系统及液压控制系统三部分组成。液压机分类有阀门液压机、液体液压机和工程液压机。它常用于压制工艺和压制成形工艺，如锻压、冲压、冷挤、校直、弯曲、翻边、薄板拉深、粉末冶金、压装等。液压机液压传动系统以压力控制为主，压力高，流量大，且压力、流量变化大。

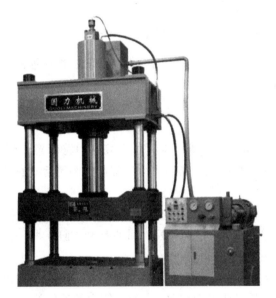

图 9 - 2 - 1　液压机设备

2.1　液压机液压传动系统的组成

　　图 9 - 2 - 2 所示为 YB32 - 200 型万能液压机液压传动系统示意，它主要包含上滑块、下滑块、底座、模具、工作缸、顶出缸。基本原理是油泵把液压油输送到集成插装阀块，通过各个单向阀和溢流阀把液压油分配到油缸的上腔或者下腔，在高压油的作用下，使油缸进行运动。液压机是利用液体来传递压力的设备。液体在密闭的容器中传递压力时是遵循帕斯卡定律的。四柱液压机的液压传动系统由动力机构、控制机构、执行机构、辅助机构和工作介质组成。通常采用油泵作为动力机构，一般为容积式油泵。为了满足执行机构运动速度的要求，选用一个油泵或多个油泵。低压（油压小于 2.5 MPa）用齿轮泵；中压（油压小于 6.3MPa）用叶片泵；高压（油压小于 32.0MPa）用柱塞泵。各种可塑性材料的压力加工和

成形，如不锈钢板的挤压、弯曲、拉伸及金属零件的冷压成形常用的液压缸工作流程如图9-2-3所示。该工作流程亦可用于粉末制品、砂轮、胶木、树脂热固性制品的压制。

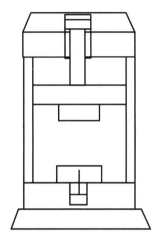

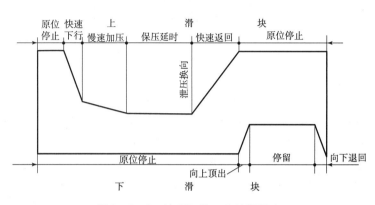

图9-2-2　YB32-200型
万能液压机液压传动系统示意

图9-2-3　液压缸的工作流程示意

它的上滑块主要有原位停止、快速下行、保压延时、快速返回、原位停止等环节，下滑块主要有原位停止、向上顶出、停留、向下退回。

2.2　液压机液压传动系统的工作原理

图9-2-4所示为YB32-200型万能液压机液压回路示意。液压泵为恒功率式变量轴向柱塞泵，用来供给系统以高压油，其压力由远程调压阀调定。它的工作过程如下所述。

1. 主缸活塞快速下行

启动按钮，电磁铁YA1通电，先导阀和主缸换向阀左位接入系统，主油路经液压泵→顺序阀→主缸换向阀→单向阀3→主缸上腔；回油路经主缸下腔→液控单向阀2→主缸换向阀→顶出缸换向阀→油箱。

这时主缸活塞连同上滑块在自重作用下快速下行，尽管泵已输出最大流量，但主缸上腔仍因液压油不足而形成负压，吸开单向阀1，充液筒内的油便补入主缸上腔。

2. 主缸活塞慢速加压

上滑块快速下行接触工件后，主缸上腔压力升高，充液阀1关闭，变量泵通过压力反馈，输出流量自动减小，此时上滑块转入慢速加压。

3. 主缸保压延时

当系统压力升高到压力继电器的调定值时，压力继电器发出信号使YA1断电，先导阀和主缸换向阀恢复到中位。此时液压泵通过换向阀中位卸荷，主缸上腔的高压油被活塞密封环和单向阀所封闭，处于保压状态。接收电信号后的时间继电器开始延时，保压延时的时间可在0~24 min内调整。

4. 主缸泄压后快速返回

保压结束后，时间继电器使电磁铁YA2通电，先导阀右位接入系统，控制油路中的液压油打开液控单向阀6，使主缸上腔的液压油开始泄压。压力降低后，预泄换向阀下位接入

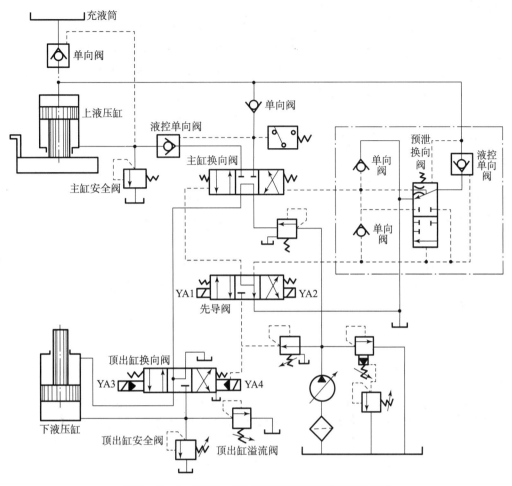

图 9 – 2 – 4　YB32 –200 型万能液压机液压回路示意

系统，控制油路使主缸换向阀处于右位工作，实现上滑块的快速返回。其进油路经液压泵→顺序阀→主缸换向阀→液控单向阀 2→主缸下腔；回油路经主缸上腔→单向阀 1→充液筒。

充液筒内液面超过预定位置时，多余液压油由溢流管流回油箱。单向阀 4 用作主缸换向阀，由左位回到中位时补油；单向阀 5 用作主缸换向阀由右位回到中位时排油至油箱。

5. 主缸活塞原位停止

上滑块回程至止挡块压下行程开关，电磁铁 YA2 断电，先导阀和主缸换向阀都处于中位，这时上滑块停止不动，液压泵在较低压力下卸荷。

6. 顶出缸活塞向上顶出

电磁铁 YA4 通电时，顶出缸换向阀右位接入系统。其进油路经液压泵→顺序阀→主缸换向阀→顶出缸换向阀→顶出缸；回油路经顶出缸上腔→顶出缸换向阀→油箱。

7. 顶出缸活塞向下退回和原位停止

YA4 断电、YA3 通电时油路换向，顶出缸活塞向下退回。当止挡块压下原位开关时，电磁铁 YA3 断电，顶出缸换向阀处于中位，顶出缸活塞原位停止。

8. 顶出缸活塞浮动压边

薄板拉伸压边时，顶出缸既要保持一定压力，又能随着主缸上滑块一起下降。YA4 先通电，再断电，顶出缸下腔的液压油被顶出缸换向阀封住。当主缸上滑块下压时，顶出缸活塞被迫随之下行，顶出缸下腔回油经顶出缸溢流阀流回油箱，从而得到所需的压边力。

2.3　液压机液压传动系统特点

1）系统采用高压、大流量恒功率变量泵供油和利用上滑块自重加速、充液阀 1 补油的快速运动回路，功率利用合理。

2）液压机是典型的以压力控制为主的液压传动系统。本机具有远程调压阀控制的调压回路，使控制油路获得稳定低压 2 MPa 的减压回路，高压泵的低压（约 2.5 MPa）卸荷回路，利用管路和液压油的弹性变形及靠阀、缸密封的保压回路，采用液控单向阀的平衡回路。

3）采用电液换向阀，适合高压大流量液压传动系统的要求。

4）系统中的两个液压缸各有一个安全阀进行过载保护；两缸换向阀采用串联接法，这也是一种安全措施。

小知识

液压机运用于一些冲压设备中，在大型冲压设备中一般会设置安全装置，一般操作人员均可以进行远程控制和运行，以保证设备和人的安全。

知识点3 数控车床液压传动系统

随着工业技术的发展，数控类机床应用广泛。其中数控车床中，液压卡盘、刀架转位装置、刀架液压缸、尾座套筒缸采用了液压装置，大大减轻了人工操作的一些弊端，提高了加工效率，也为工业自动化提供了入口。图 9 - 3 - 1 所示为常见的数控车床液压回路。

3.1　数控车床液压传动系统工作原理

数控车床的液压传动系统采用限压式变量叶片泵供油，工作压力调到 4 MPa，压力由压力表 15 显示。泵输出的液压油经过单向阀进入各子系统支路，其工作原理如下。

1. 卡盘的夹紧与松开

在要求卡盘处于正卡（卡爪向内夹紧工件外圆）且在高压大夹紧力状态下时，YA3 失电，换向阀 4 左位工作，选择减压阀 8 工作。夹紧力的大小由减压阀 8 来调整，夹紧压力由

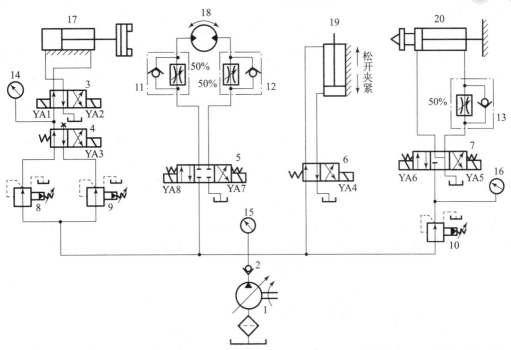

1—变量泵；2—单向阀；3、4、5、6、7—电磁换向阀；8、9、10—减压阀；11、12、13—单向调速阀；

14、15、16—压力表；17—卡盘液压缸；18—刀架转位电动机；19—刀架液压缸；20—尾座套筒缸。

图9-3-1　数控车床液压回路

压力表 14 显示。

　　当 YA1 通电时，换向阀 3 左位工作，系统液压油的流向为：油泵→单向阀 2→减压阀 8 →换向阀 4 左位→换向阀 3 左位→液压缸右腔。液压缸左腔的液压油经换向阀 3 左位直接回油箱。这时，活塞杆左移，操纵卡盘夹紧。

　　当 YA2 通电时，换向阀 3 右位工作，系统液压油进入液压缸左腔，液压缸右腔的液压油经换向阀 3 直接回油箱。这时，活塞杆右移，操纵卡盘松开。

　　在要求卡盘处于正卡且在低压小夹紧力状态下时，YA3 通电，换向阀 4 右位工作，选择减压阀 9 工作。夹紧力的大小由减压阀 9 调整，夹紧压力也由压力表 14 显示，减压阀 9 调整压力值小于减压阀 8。换向阀 3 的工作情况与在高压大夹紧力时相同。

　　卡盘处于反卡（卡爪向外夹紧工件内孔）时，动作与正卡时相反，即反卡的夹紧是正卡的松开；反卡的松开是正卡的夹紧。

小知识

　　数控车床卡盘液压传动系统是使用频率最高的液压设备，一般压力需根据工件的硬度进行不同的设定，防止在加工过程中产生夹痕。

2. 回转刀架的换刀

回转刀架换刀时，首先是将刀架抬升、松开，然后刀架转位到指定的位置，最后刀架下拉，复位夹紧。

当 YA4 通电时，换向阀 6 右位工作，刀架抬升，松开，YA8 通电，液压马达正转，带动刀架换刀。转速由单向调速阀 11 控制（若 YA7 通电，则液压马达带动刀架反转，转速由单向调速阀 12 控制）。刀架到位后，YA4 断电，换向阀 6 左位工作，液压缸使刀架夹紧。正转换刀还是反转换刀由数控系统按路径最短原则来判断。

3. 尾座套筒的伸缩运动

当 YA6 通电时，换向阀 7 左位工作，液压油流向为：减压阀 10→换向阀 7 左位→尾座套筒液压缸的左腔。液压缸右腔液压油流向为：单向调速阀 13→换向阀 7→油箱。液压缸筒带动尾座套筒伸出，顶紧工件。顶紧力的大小通过减压阀 10 调整，调整压力值由压力表 16 显示。

当 YA5 通电时，换向阀 7 右位工作，液压油流向为：减压阀 10→换向阀 7 右位→单向调速阀 13→液压缸右腔。液压缸左腔的液压油经换向阀 7 流向油箱，套筒快速缩回。

3.2 数控车床液压传动系统的维护

数控车床液压传动系统常见故障的原因及处理：

1. 油泵不供油或输出油量显著减少

原因：油泵电动机转向不对；油箱中油量不足；滤油器堵塞；吸油管中吸入空气；油泵损坏。

排除方法：更换油泵电动机接线，检查油位，清除污物，检查油泵。

2. 系统压力不足

原因：油缸、管路、接头处有较大泄漏；油泵配油盘损坏；变量泵调压螺钉松动；油泵密封圈损坏；压力阀、阻尼孔堵塞；阀芯卡死。

排除方法：找出泄漏的部位进行防泄漏处理，更换损坏的油盘、密封圈，拧紧松动的螺钉，拆洗压力阀检修阀芯。

3. 系统有噪声

原因：油泵叶片卡住不灵活；油泵吸入空气；吸油管及滤油器被堵塞；阀振动。

排除方法：清洗油管及滤油器，检修油泵及阀。

4. 液压驱动部件运动不均匀或速度过慢

原因：系统内有空气；油泵损坏，供油不足；节流阀堵塞，润滑不充分；油箱内油量不足，管路有泄漏。

排除方法：检修油泵、节流阀及管路，给油箱加油。

 知识拓展

组成液压传动系统的回路、元件之间相互联系、相互制约，液压油的选择不合适或其他不当操作也会影响到液压传动系统的性能，只要有一个环节出现问题，就会导致故障，所以故障现象和故障原因之间的关系很复杂。不同的故障原因可以引起同一故障现象，不同故障现象可以是同一故障原因产生的，故液压故障具有复杂性、不确定性和关联性。液压传动系统故障现象各种各样，又因其在密封的管路内工作，想通过故障的现象来确定故障的原因是比较困难的。

听：通过听液压传动系统工作中的声音来判断系统是否正常，主要听液压泵和溢流阀的噪声是否过大，执行液压元件在换向时是否有撞击声等。

摸：通过触摸液压元件的温度和执行元件运动的振动情况来判断液压系统是否正常，主要触摸液压泵、油箱和阀体上的温度是否过高（正常时不超过60℃），触摸液压缸等执行元件运动中是否有振动等。

看：看各个液压元件连接处、管路等是否有漏、滴、渗油情况，看各个压力表的读数是否正常，看设备处理的产品是否合格等。

液压传动系统控制比较简单平稳，在数控车床方面的应用较广泛。液压传动系统的可靠性直接影响到数控车床的可靠性，液压传动系统的维护保养可以减少液压故障的发生，快速可靠地排除液压故障可以减少故障停机时间，充分发挥数控机床的经济效益。故掌握数控车床液压传动系统的调试、维护、维修的方法是十分必要的，也是很重要的。

知识点 4 气动机械手气压传动系统

气动机械手是机械手的一种，它具有结构简单、质量轻、动作迅速、平稳可靠、不污染工作环境等优点，在要求工作环境洁净、工作负载较小的自动生产设备和生产线上应用广泛，能按照预定的控制程序动作。图9-4-1所示为一种简单的可移动式气动机械手的结构示意。它由 A、B、C、D 四个气缸组成，能实现手指夹持、手臂伸缩、立柱升降、回转四个动作。

4.1　气动机械手的工作原理

图9-4-2所示为一种通用机械手气压传动系统的工作原理（手指部分为真空吸头，即无气缸 A 部分），要求工作循环为：立柱上升→伸臂→立柱顺时针转→真空吸头取工件→立柱逆时针转→缩臂→立柱下降。

三个气缸均有三位四通双电控换向阀1，2，7和单向节流阀3，4，5，6组成换向、调速回路。各气缸的行程位置均有电气行程开关进行控制。表9-4-1所示为该机械手在工作循环中各电磁铁的动作顺序。

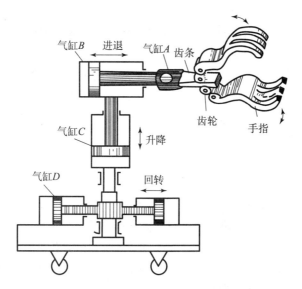

图 9 - 4 - 1　气动机械手示意

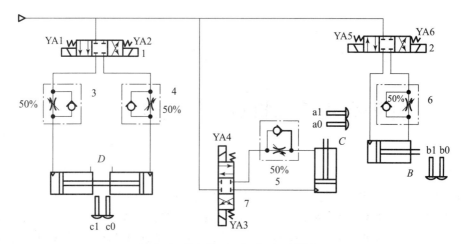

1，2，7—换向阀；3，4，5，6—节流阀。

图 9 - 4 - 2　一种通用机械手气压传动系统的工作原理

表 9 - 4 - 1　电磁铁的动作顺序

项目	垂直气缸 C 上升	水平气缸 B 伸出	回转气缸 D 转位	回转气缸 D 复位	水平气缸 B 退出	垂直气缸 C 下降
YA1	-	-	+	-	-	-
YA2	-	-	-	+	-	-
YA3	-	-	-	-	-	+
YA4	+	-	-	-	-	-
YA5	-	+	-	-	-	-
YA6	-	-	-	-	+	-

4.2 气动机械手的工作过程

下面结合表 9 – 4 – 1 来分析它的工作循环。

按下它的启动按钮，YA4 通电，换向阀 7 处于上位，压缩空气进入垂直气缸 C 下腔，活塞杆上升。

当垂直气缸 C 活塞上的止挡块碰到电气行程开关 a1 时，YA4 断电，YA5 通电，换向阀 2 处于左位，水平气缸 B 活塞杆伸出，带动真空吸头进入工作点并吸取工件。

当水平气缸 B 活塞上的止挡块碰到电气开关 b1 时，YA5 断电，YA1 通电，换向阀 1 处于左位，回转气缸 D 顺时针方向回转，使真空吸头进入下料点下料。

当回转气缸 D 活塞杆上的止挡块压下电气行程开关 c1 时，YA1 断电，YA2 通电，换向阀 1 处于右位，回转气缸 D 复位。

回转气缸复位，其止挡块碰到电气行程开关 c0 时，YA6 通电，YA2 断电，换向阀 2 处于右位，水平气缸 B 活塞杆退回。

水平气缸退回时，止挡块碰到 b0，YA6 断电，YA3 通电，换向阀 7 处于下位，垂直气缸活塞杆下降，到原位时，碰上电气行程开关 a0，YA3 断电。至此完成一个工作循环。如果再给启动信号，则可进行同样的工作循环。

只要根据需要改变电气行程开关的位置，调节单向节流阀的开度，即可改变各气缸的运动速度和行程。

小知识

气动机械手广泛应用于现有企业中，目前企业中出现了车间的革命："机器换人"换出产品效益，"不能简单地把'机器换人'看成解决用工难的办法，而是工业制造自动化、精密化、智能化水平提升和产品品质提高的体现"。一套气动机械手需要 18 万元，目前一个工人的年用工成本约 6 万元，而在不同工序上"机器换人"的替代率不同，有的工序在现阶段进行"机器换人"并不划算。

知识点 5 液压传动系统常见故障和排除方法

在机械设备中，液压传动系统故障主要表现在液压传动系统或回路中的元件损坏，表现出泄漏、发热、振动、噪声等现象，导致系统不能正常工作。当然，还有一些故障可能没有明显的故障现象，但是系统或系统的某个子系统不能工作，处理起来相对要困难得多。

在液压传动系统的故障中，液压油质量不好，如变质、在维修中杂质的侵入，是造成系统故障的主要原因，它占液压传动系统故障率的80%，而人为故障与设备故障只占故障率的20%。

5.1 液压传动系统故障的分类及原因

5.1.1 故障分类

故障按发生的原因可分为人为故障（原始故障）和自然故障两种。由设计、制造、运行、安装、使用及维护不当造成的故障均为人为故障，又称为原始故障。由不可抗拒的自然因素（磨损、腐蚀、老化及环境变化等）产生的故障均属于自然故障范畴。

故障类型按性质可分为急性（突发性）故障和慢性（缓发性）故障两种。急性故障的特点是具有偶然性，它与系统的使用时间无关，如管路破裂、液压件卡死、液压泵压力失调、运动速度下降、液压振动、液压噪声、油温急剧上升等，此类故障难以预测与预防；慢性故障的特点是与使用时间有关，尤其是在使用寿命的后期体现得最为明显，主要是与部件磨损、腐蚀、疲劳、老化等劣化因素有关，慢性故障通常情况下是可以预防的。

故障按显现情况可分为实际故障和潜在故障两种。实际故障又称为功能性故障。由于这种故障的实际存在，液压传动系统不能正常工作或工作能力显著降低，如关键液压元件损坏等。潜在故障一般指系统故障尚未在功能性方面表现出来，但可以通过观察分析及仪器测试得到它的潜在程度。

液压传动系统发生故障的趋势，也符合可靠性工程中的故障曲线，即浴盆曲线。一般在使用初期故障率较高，随着使用时间的延长及故障的不断排除，在使用中期故障率将逐渐下降并趋于稳定，而到了设备使用后期，由于长期使用过程中的磨损、腐蚀、老化、疲劳等，故障逐渐增多。

5.1.2 故障原因

液压传动系统在工作中之所以发生故障，主要原因在于设计、制造、运输、安装、调试、使用和维护维修等方面存在人为故障隐患，即所谓的原始故障；其次便是在正常使用条件下的自然磨损、老化、变质引起的故障，即所谓的自然故障。

液压工作的介质有两个主要的功用：一是传递能量和信号；二是起润滑/防锈/冲洗污染物质及带走热量等重要作用，所以我们在对液压传动系统的维护中就必须注意液压油的质量，液压油的质量不好及污染可以造成多方面的系统故障。

1. 液压油造成的系统故障

（1）由油质问题造成的液压传动系统故障

液压油是液压传动系统重要的组成部分，它的功能是：有效地传递能量、润滑部件和作为一种散热介质。液压传动系统能否可靠、灵活、准确、有效而且经济地工作，与所选用的液压油的品质及性能密切相关。因此正确选用液压油是确保液压传动系统正常和长期工作的前提。在液压油造成的系统故障中，油质和污染是主要原因。因为液压油的抗乳化性、水解安定性、抗泡性、空气释放性等都是影响系统工作稳定性的重要指标，而液压油的黏度是保证液压传动系统处于最佳工作状态的必要条件。

在日常维护中，由于低质的液压油造成的气穴、液压油乳化，执行元件磨损内泄、油温升高、润滑不良等现象经常出现。

（2）由污染及使用维护不当造成的故障

1）液压传动系统进水：进水由多方面原因造成，当系统中的含水量超过 0.5% 后，一般会出现混浊，含有较多水的液压油长期运行会加速液压油的老化，产生锈蚀或腐蚀金属的现象。油中带水后会使液压油乳化，润滑性明显下降。所以在使用中，要将油箱底部的游离水及时放掉，并经常监测油中的水含量，当水含量明显超标时，应及时更换。

2）液压油混入空气：液压油中混入空气后，当压力降低时，空气会从油中以极快的速度释放出来，造成气穴腐蚀，产生强烈的振动和噪声。带气泡的液压油在压缩时，由于气体压缩造成能量损耗，液压传动系统不能正常工作，液压油中的空气还会加速液压油的老化。液压油的两项指标是：起泡性和空气释放性。

3）液压传动系统的颗粒污染：内部污染，是液压油在使用过程中造成的污染，如液压油氧化产生的油泥或积炭，摩擦副在使用过程中产生的磨粒等；外部污染，如加工残留的金属屑，不正确加油带入的杂质，空气中的尘土、砂粒等。

受污染的液压油会明显影响系统的使用性能，破坏执行元件及控制元件的润滑性能，金属杂质或其他硬质污染可引起摩擦副的磨损，金属磨屑会加速液压油的氧化，氧化生成的油泥可能堵塞滤油器、油线管路、换向阀油槽等，给系统造成的故障也很难判断。

4）液压传动系统中混入其他油品：液压系统用油是一种性能要求全面和严格的油品，不允许用其他油品替代或混用。如果在正常运转的系统中误加入其他油品，会使液压油的性能发生变化，造成液压传动系统故障。如果液压油中混入的其他油液（及再生油等）含有大量的清净分散剂，那么它会使液压油的破乳化性明显变差，水不能从油中及时分离，不但会使液压油的润滑性下降，还会造成锈蚀。如果往液压油中误加入齿轮油，由于齿轮油中含有较多的硫磷极压抗磨剂，会使液压油中的硫、磷元素含量明显提高，容易造成金属腐蚀。

2. 液压传动系统温度过高对液压传动系统的影响

由于油质的质量问题在使用过程中会造成系统的温度升高，一旦温度升高，就会使液压油的黏度下降，造成润滑油膜变薄，破坏液压油的润滑链，使液动元件磨损，内泄增加，油泵容积和效率下降，油泵的磨损增加，使用寿命缩短。对液压元件来说，温度升高产生的热膨胀会使配合间隙减小，造成元件的失灵或卡死，同样会造成密封元件变形和老化，从而使系统漏油。

3. 液压传动系统使用维护不当

液压传动系统使用维护不当，不仅使设备发生故障频率增加，而且会降低设备的使用寿命，如使用设备时超载、操纵用力过猛、盲目拆卸、不定时更换滤芯及液压油、随意调整控制系统等。所以在日常使用及维护中一定要按照操作规程操作，正确地维护。

5.2 液压传动系统故障诊断基本方法

1. 液压传动系统故障诊断的一般步骤

1）首先核实故障现象或征兆。鉴于液压传动系统故障的复杂性和隐蔽性，必须核实故障的现象或征兆，方法是向操作工和维修人员询问该机器近期的工作性能变化情况、维修保养情况、出现故障后曾采取的具体措施，以及已检查和调整过哪些部位等。

2）确定故障诊断参数。液压传动系统的故障均属于参数型故障，通过测量参数提取有用的故障信息。选择诊断参数的原则是：诊断参数要具有良好的灵敏度、易测性、再现性，能够包容尽可能多的故障信息量。液压传动系统的诊断参数有系统压力、系统流量、元件升温、元件泄漏量、系统振动和噪声等。系统压力不足表现为液压缸动作无力、马达输出功率或转矩不足、运动无力等现象。系统流量不足表现为执行元件运动速度慢或停止不动。元件泄漏量大，表现为动作速度慢和系统温升快。

3）分析、确定故障可能产生的位置和范围。对所检测的结果，对照液压原理图进行分析，从构造原理上讲得通，确保故障诊断的准确性，减少误诊。

在液压故障诊断时要特别注意：在分析确定故障产生的位置和范围之前，严禁任何盲目的拆卸、解体或自行调整液压元件，以免造成故障范围扩大或产生新的故障，使原有的故障更加复杂化。

4）制定合理的诊断过程和诊断方法。

2. 直观检查法

直观检查法是液压传动系统故障诊断的一种最为简易、最为方便的方法。通常是用眼看、手摸、耳听、嗅闻手段对零件的外部进行检查，判断一些较为简单的故障。

眼看：视觉检查，用眼观察设备有无破裂、漏油、松脱、变形、动作缓慢、爬行等现象。

手摸：手摸可以用来感觉漏油部位的漏油情况，特别是用于一些眼睛不能观察到的地方。手摸还可以判断油管油路的通断，由于液压传动系统油压较高，具有一定的脉动性，当油管内有压力通过时，用手握住会有振动或类似摸脉的感觉，而无液压油流过或压力过低则没有这种现象。据此，可以初步判断油压的高低及油路的通断。手摸还可以检查机械设备的润滑情况和液压传动系统的润滑及内泄情况。因为摩擦及内泄都会造成壳体的发热或局部温度升高。

耳听：主要用于根据机械零件损坏造成的异常响声判断故障点及可能出现的故障形式、损坏程度的场合。液压故障不像机械故障那样响声明显，但有些故障还是可以利用耳听来判断的。液压泵吸空、溢流阀开启、元件发卡等故障，都会发出不同的响声，如冲击声或"水锤声"及金属元件破裂造成的破裂声。

嗅闻：嗅闻可以根据有些部件由于过热、摩擦润滑不良、汽蚀等原因发出的异味来判断故障点。比如有"焦化"油味，可能是液压油泵或马达由于吸入空气而产生汽蚀，汽蚀后产生高温把周围液压油烤焦而出现的。

3. 操作调整检查法

操作调整检查法主要是在无负荷动作和有负荷动作两种条件下进行故障复现操作，而且最好由本机操作手进行，以便与平时的工作比较。操作时一般无负荷检查主要检测系统的流量情况，而有负荷情况下主要检查系统的压力情况。通过流量及压力来判断系统的故障点。在正常的操纵中要求动作轻柔、准确，一般不要过载工作，而在检查故障时则要故意过载操作，以使故障复现，从这些特殊状态中检查故障。

用操作法检查故障时，有时要结合调整法进行。所谓调整法，是指调整液压传动系统中与故障可能相关的压力、流量、元件行程等可调部位，观察故障现象是否有变化。

使用调整法时要注意变量的调整数量和幅度：一是每次调整变量应仅有一个，以免其他变量干扰使故障判断复杂化，如果调整后故障无变化，应复位，然后再进行另一个变量的调整；二是整个调整幅度要控制在一定的范围内，防止过大、过小而造成新的故障；三是调整后的操作要谨慎小心，在确定调整的当前，不要长时间使用同一动作。

4. 对比替换检查法

这是在缺乏测试仪器时检查液压传动系统故障的一种有效方法，有时应结合替换法进行。一种情况是用两台型号、性能参数相同的机械进行对比实验，从中查找故障。实验过程中可对机械的可疑元件用新件或完好机械的元件进行替换，再开机实验，如性能变好，则故障即知。否则，可继续用同样的方法或其他的方法检查其余部件；另一种情况是目前许多大中型机械的液压传动系统采用了双泵或多泵双回路系统，对这样的系统采用对比替换法更为方便，而且现在许多系统的油路采用了高压软管连接，为替换法的实施提供了更为方便的条件。遇到可疑元件，要更换另一回路的完好元件时，无须拆卸元件，只要更换相应的软管接头即可。当然，用对比替换法检查故障，由于结构配置、元件储备、拆卸不便等原因，从操作上来说比较复杂。但对如平衡阀、溢流阀、单向阀之类体积小、易拆装的元件，采用此方法是较方便的。

在具体实施替换法的过程中，一定要注意连接正确，不要损坏周围的其他元件，这样既能有助于正确判断故障，又能避免出现人为故障。在没有搞清具体故障所在的部位时，应避免盲目拆卸液压元件总成，否则会造成其性能降低，甚至出现新的故障，所以在检查过程中，要充分利用好对比替换法。

5. 逻辑分析法

随着液压技术的不断发展，液压传动系统越来越复杂，越来越精密。在这种情况下，不加分析地在机械上乱拆乱卸，不但解决不了问题，反而会使故障更加复杂化。因此，当遇到一时难以找到原因的故障时，一定不要盲目拆修，应根据前面几种方法的初步检查结果，结合机械的液压传动系统图进行逻辑分析。进行逻辑分析时可通过构建故障树的方法分析其故障原因。因为液压传动系统是以液压油为媒介（工作介质）连接而成的一个有机整体，不是相互独立的元件，互相之间的动作是有联系、有其内在规律的，所以，逻辑分析法会随着液压技术的发展而得到更广泛的应用。逻辑分析法有时还要结合具体部件的结构原理图进行。

对较为简单的液压传动系统，可根据故障现象，按照动力元件、控制元件、执行元件的顺序在液压传动系统原理图上正向推理分析故障原因（结合用前面几种方法检查的结果进行）。

1）油箱缺油。

2）油箱吸油过滤器堵塞。

3）油箱空气孔不畅通。

4）液压泵内漏严重。

5）操作阀上二次溢流阀压力调节过低。

6）先导阀压力过低，内泄。

7）操作阀内漏严重。

8）动臂液压缸内漏严重。

9）回油路不畅，回油过滤堵塞。

考虑到这些因素后，再根据已有的检查结果，即可排除某些因素，将故障范围缩小；根据缩小后的范围再上机检查，然后再分析。

> **想一想** 如果我们碰到液压设备启动过程产生爬行现象，应该如何处理和分析？

5.3 液压传动系统常见故障

液压传动系统的故障无非有两种参数可供判断：一是流量；二是压力。系统故障的出现，都与二者有密切关系，只要二者有一个发生变化，系统就会出现故障。所以检查液压传动系统必须从二者之间下手。

1. 泵站的常见故障与排除

泵站的故障是常被忽略的地方，泵站主要有油箱、吸油过滤器、油泵、回油过滤器。油箱的主要功能是存储液压介质、散发液压油热量、溢出空气、沉淀杂质、分离水分及安装元件等。

1）油箱：在日常维护中所要注意的是油箱的温度与油量，因为温度与油量能较为直接地反映出液压传动系统出现的问题，在日常的维护中油量的减少会将箱底部的杂质吸入系统，由于油量少，增加系统的循环使系统的温度升高。油量的突然减少说明系统可能存在泄漏，而温度的突然升高证明系统内部可能存在磨损与泄漏。

2）吸油过滤器：吸油过滤器的主要功能是过滤液压油中的颗粒物质，为防止过滤网的堵塞，采用了网式过滤，在正常的检修中主要应注意过滤网的堵塞与漏气。因为过滤网的堵塞会造成油泵的吸空，吸空会造成气穴，而气穴是液压传动系统元件损坏的主要原因；同样漏气也会造成油泵的供给不足，使油泵产生气塞，降低油泵的容积，增加系统的流量损耗。

3）油泵：油泵的主要功能是将机械能转换为液压能。它的常见故障有不输油或输油量不足、压力不能升高或压力不足、异常发热、噪声过大、组件磨损等。

2. 油泵常见的故障

1）泵噪声：由流量压力剧变造成的脉动增大、气穴及机械振动、空气进入、油位太低，零件磨损及紧固松动等引起。

2）泵不排油或排油不足：吸口管漏气，滤油器或油管堵塞，油面位置过低，油泵严重

内泄，变量机构失灵，油泵内部损坏等。

3）油泵压力不足或无力：流量调节失灵，油泵斜盘及柱塞油缸卡涩，其他控制元件及执行元件泄漏，吸油不足及泄漏严重等。

4）泵温过高：液压油在使用中严重污染，管路流速过高，压力损失过大等。

5）变量机构失灵：变量机构阀芯卡死，变量机构阀芯与阀套间的磨损严重或遮盖量不够（一般是调节失误造成的），变量机构控制油路堵塞，变量机构与斜盘间的连接部位严重磨损，转动失灵。

6）回油：背压油高速流过会使油温继续升高，即将油箱的杂质冲起，同时使液压油的空气含量增加，造成气穴。

3. 换向阀和液压调整系统的常见故障

换向阀是液压传动系统中用来控制液流的压力、流量和流动方向的控制元件，是影响液压传动系统性能、可靠性和经济性的重要元件。

4. 执行元件常见的故障

（1）马达的常见故障

1）排量不足，执行机构动作迟缓

①吸油管及滤油器堵塞或阻力太大。

②油箱油面过低。

③泵体内没有充满油，有残存空气。

④柱塞与缸体或配油盘与缸体磨损。

2）压力不足或压力脉动较大。

①吸油口堵塞或通道较小。

②油温较高，液压油黏度下降，泄漏增加。

③油缸与配油盘之间磨损，失去密封，泄漏增加，柱塞与缸体磨损。

3）噪声较大。

①马达内有空气。

②滤油器被堵塞。

③液压油不干净。

4）内部泄漏。

①缸体与配油盘间磨损。

②故障中心弹簧损坏，使缸体与配油盘间失去密封性。

③柱塞与缸体磨损。

（2）液压油缸常见故障

①升降油缸自动下降，液压锁调压低或泄漏油缸内泄。

②油缸推力不足，液压传动系统压力不足，柱塞与导套磨损后间隙增大，漏油严重。

③油缸产生爬行，缸内混入气体，活塞局部产生弯曲，密封圈压得过紧或过松，缸内锈蚀或拉毛。

实践活动

目前主流的实训软件主要有两类：一类是单气动或单液压实训 PLC 设备（图 9 – 5 – 1）；另一类是以全国职业院校液压气动装调设备为基础的实训设备（图 9 – 5 – 2），后者更加接近工程实际，并包含了一些新的元器件（叠加阀）等。本实训针对其中一个实训课题做介绍，结合工厂常用实例做一定的探索实践。

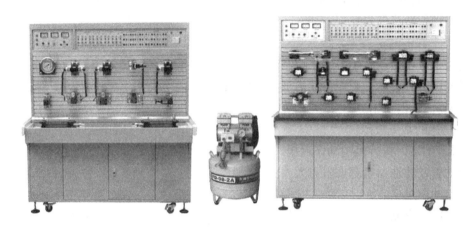

图 9 – 5 – 1　单气动或单液压实训 PLC 设备

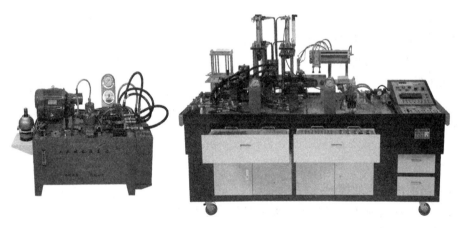

图 9 – 5 – 2　以全国职业院校液压气动装调设备为基础的实训设备

图 9 – 5 – 3 所示为工业双泵液压站，一般只要认识和调节安装好定量柱塞泵调压阀、变量泵调压阀即可。在安装之前要对相关的元器件对比认识（图 9 – 5 – 4），并根据图 9 – 5 – 3 进行组合连接。

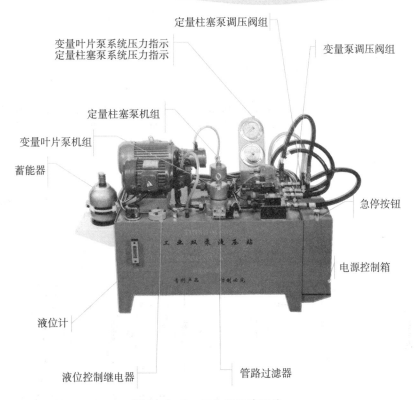

变量叶片泵系统压力指示
定量柱塞泵系统压力指示

定量柱塞泵调压阀组

变量泵调压阀组

定量柱塞泵机组

变量叶片泵机组

蓄能器

急停按钮

电源控制箱

液位计

液位控制继电器

管路过滤器

图 9 - 5 - 3 工业双泵液压站

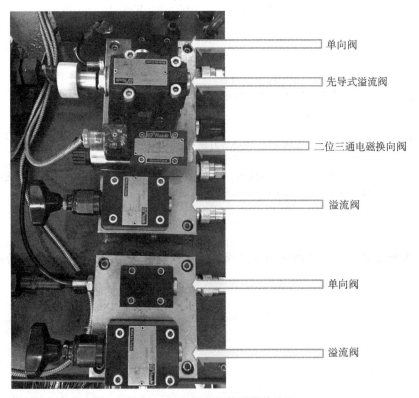

单向阀

先导式溢流阀

二位三通电磁换向阀

溢流阀

单向阀

溢流阀

图 9 - 5 - 4 泵站阀的元器件认识

活动 1：液压泵的安装回路调试

实践目的与要求	1）初步了解双泵并联工作回路的要求。 2）了解液压泵回路的安装方法和要求
工作原理	由于回路接口都是快插阀插接，所以回路在没有接下级油路时是封闭的，本实训通过调节各级溢流阀，观察压力表变化，实现压力输出为指定值，满足液压泵输出要求
液压控制图	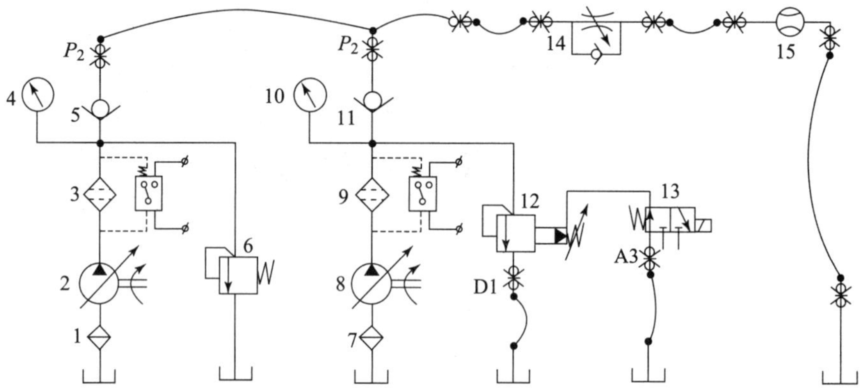  1—过滤器；2—变量液压泵；3，9—压力继电器；4，10—压力表；5，11—单向阀； 6，12—溢流阀；7—过滤器；8—定量液压泵；13—二位三通 电磁换向阀；14—单向可调节流阀；15—流量指示器。
参考步骤	双泵并联供油回路安装过程： 1）根据上图实验设备和元件，用液压胶管连接液压回路。 2）将溢流阀6、12逆时针旋松，启动变量液压泵2和定量液压泵8。 3）分别调节溢流阀6和12，使压力表4压力为3 MPa，压力表10压力为8 MPa。 4）调松节流阀14，观测压力表4、10及流量值（低压大流量）变化。 5）旋紧节流阀14，观测压力表4、10及流量值（高压小流量）变化。 6）调节溢流阀、节流阀，使系统处于低压大流量状态，关闭变量液压泵、定量液压泵，逐步拆卸管路，并做整理。

　　注意：开始实训前，应将所有的溢流阀、节流阀旋转至最紧位置，保持初始压力低、流量小的状态。

实践活动工作页

姓名：_____   学号：_____   日期：_____

实践内容：

过程记录：

出现的问题及解决方法：

实践心得：

小组评价		教师评价	

活动 2：液压基本回路的模拟与安装

实践目的 与要求	1）通过 FESTO 软件绘制和模拟相关回路图。 2）根据模拟回路连接实际回路，并总结基本回路安装中容易产生的问题。
工作原理	下图所示为常见的方向控制回路，通过电磁阀控制气缸的伸出和收回，当按下 SB1 按钮时，液压缸 E 伸出；按住 SB2 按钮，液压缸 E 收回；按钮 SB3 按钮，液压缸 F 伸出，按下 SB4 按钮，液压缸 F 收回
液压控制图	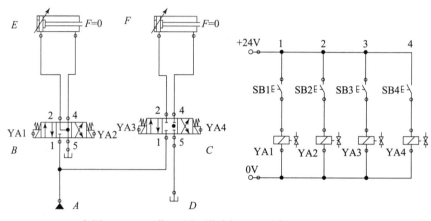 A—气源；B，C—三位四通电磁换向阀；D—油箱；E，F—液压缸。
参考 步骤	根据实践目的与要求，试自行制定实践方案，完成本项实践。 1）使用 FESTO 模拟软件绘制和模拟回路图。 2）按照要求自行搭接相关回路，并考虑本实践中可能出现的故障及排除方法。 （1）液压缸爬行现象：液压缸在伸出末端出现爬行。原因：油缸中有残余的气体，需要排除。 （2）漏油情况：反复检查回路中漏油点位置，更换连接管路和做好密封处理。 （3）液压泵有较大噪声：由流量压力剧变造成脉动增大、气穴及机械振动、空气进入、油位太低、零件磨损及紧固松动等引起

　　想一想　　如果将回路使用的三位四通电磁换向阀换成单电控的回路，试改变回路实现同样的功能。

实践活动工作页

姓名：_____ 学号：_____ 日期：_____

实践内容：

过程记录：

出现的问题及解决方法：

实践心得：

小组评价		教师评价	

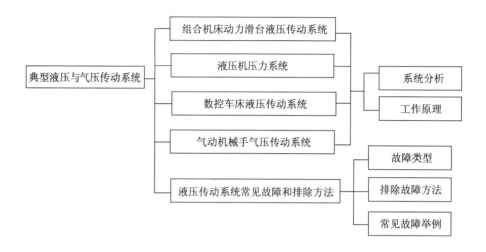

单元小结

一、知识框架

```
                              ┌─ 组合机床动力滑台液压传动系统
                              │
                              ├─ 液压机压力系统 ──────────┬─ 系统分析
典型液压与气压传动系统 ────────┤                           └─ 工作原理
                              ├─ 数控车床液压传动系统
                              │
                              ├─ 气动机械手气压传动系统
                              │                           ┌─ 故障类型
                              └─ 液压传动系统常见故障和排除方法 ──┼─ 排除故障方法
                                                          └─ 常见故障举例
```

二、知识要点

本单元对企业出现的组合机床动力滑台液压传动系统、液压机压力系统、数控车床液压传动系统、气动机械手气压传动系统等进行了分析，使学生了解其工作原理，掌握分析方法。本单元还举例说明了一部分常见的液压传动系统的故障和排除方法。

结合本单元学习内容，总结一般液压/气压传动回路图的分析过程如下：

（1）看懂图中元器件和图形符号。

（2）分析基本回路的功用。

（3）了解系统工作中得失电工作顺序表，详细分析各功能的进油（气）路、回油（气）路。

通过了解和分析相关回路，积极了解设备常见的故障点和可能产生故障的排除方法。本单元最后的实践活动以生产实践中最容易接触到的液压泵站的调节和液压回路的安装为例，帮助学生们更好地认识复杂零件与设备。

综合练习

1. 分析图 9 – t – 1 中的气 – 液动力滑台气压传动系统，回答下列问题：

①指出该系统能实现两种工作循环转换的控制元件。

②分别指出实现"快进""慢进""慢退""快退""停止"动作的发令元件。

2. 某鼓风炉加料装置的电气 – 气动控制系统如图 9 – t – 2 所示，气缸 5 与上加料门固联在一起，气缸 6 与下加料门固联在一起，试分析并回答该装置能实现的顺序动作是什么。

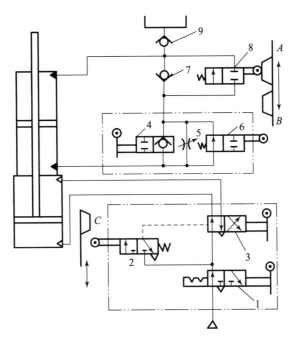

1—二位三通手动换向阀；2—二位三通机动换向阀；3—二位四通机动换向阀；

4、6、8—二位二通机动换向阀；5—节流阀；7、9—单向阀。

图 9-t-1 气-液动力滑台气压传动系统

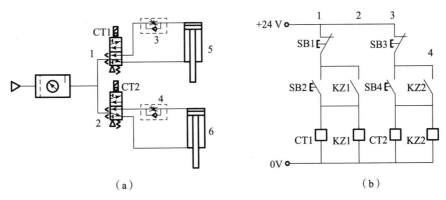

（a）　　　　　　　　　　　　　　（b）

1，2—二位五通电磁换向阀；3，4—可调单向节流阀；5，6—气缸。

图 9-t-2 鼓风炉加料装置的电气-气动控制系统

（a）气动回路；（b）电气回路

3. 模拟钻床上钻孔动作的气动回路，如图 9-t-3 所示，动作过程为工件夹紧（气缸 1 伸出）后，钻头下钻（气缸 2 伸出），钻好孔后，钻头退回，最后松开工件，等待下一个工件的加工。气缸上 A、B、C、D 处分别设置有磁控开关。试根据动作要求设计一个电气回路。

4. 图 9-t-4 所示为专用钻镗床液压传动系统，它能实现"快进—第一次工进—第二次工进—快退—原位停止"工作循环。

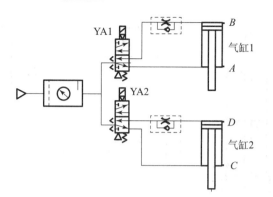

图 9 - t - 3　模拟钻床上钻孔动作的气动回路

（1）填写其电磁铁动作顺序表。

（2）分析组成系统的液压基本回路。

（3）写出第一次工进时的进油路线和回油路线。

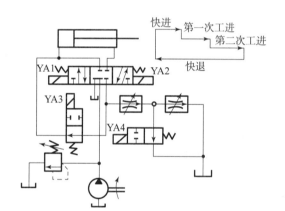

动作	YA1	YA2	YA3	YA4
快进				
第一次工进				
第二次工进				
快退				
原位停止				

图 9 - t - 4　专用钻镗床液压传动系统